KB175255

우리 강아지를 위한 손뜨개 옷 & 소품 25

귀여운 강아지 뜨개 옷

효도 요시코 지음

배혜영 옮김

Contents

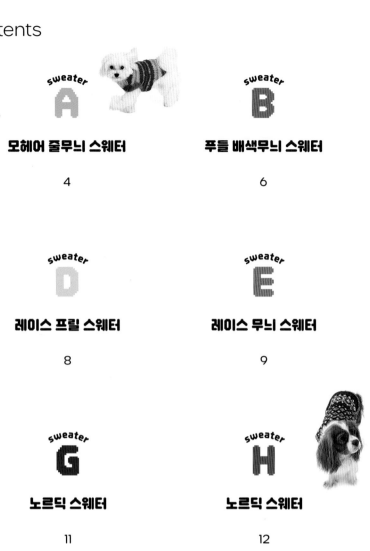

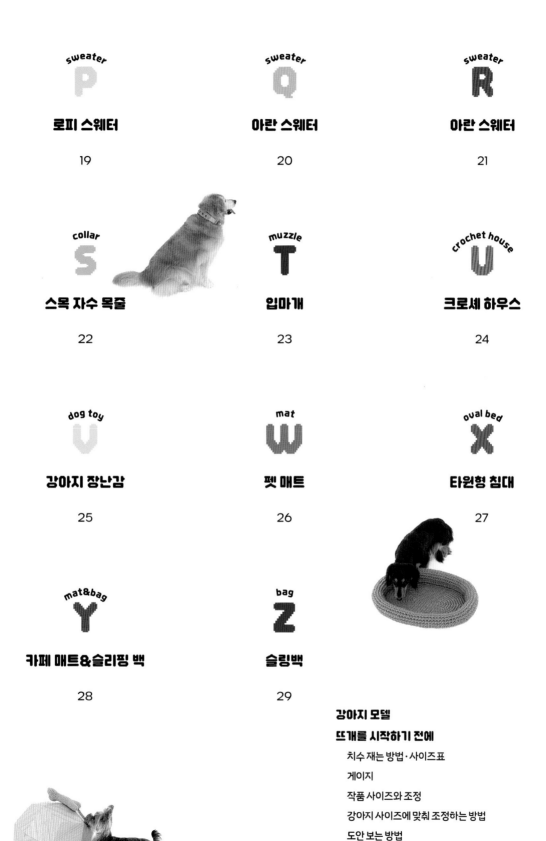

sweater

A

모헤어 줄무늬 스웨터

사이즈/XS · S · SM · M

How to make
P34-35

How to make
P36-38

sweater
B

푸들 배색무늬 스웨터

사이즈/S · SM · M

sweater

C

노블 도트 무늬 스웨터

사이즈/S · SM · M · ML

How to make
P39-41

sweater D

레이스 프릴 스웨터

사이즈/XS · S

How to make
P42-43

sweater

E

레이스 무늬 스웨터

사이즈/XS · S

How to make

P44-45

sweater
F

체크무늬 스웨터

사이즈/DSS · DS · DM

How to make
P46-49

sweater
G

노르딕 스웨터

사이즈/XS · S · M · ML

How to make
P50-53

sweater
H

노르딕 스웨터

사이즈/XS · S · M · ML

How to make
P50-53

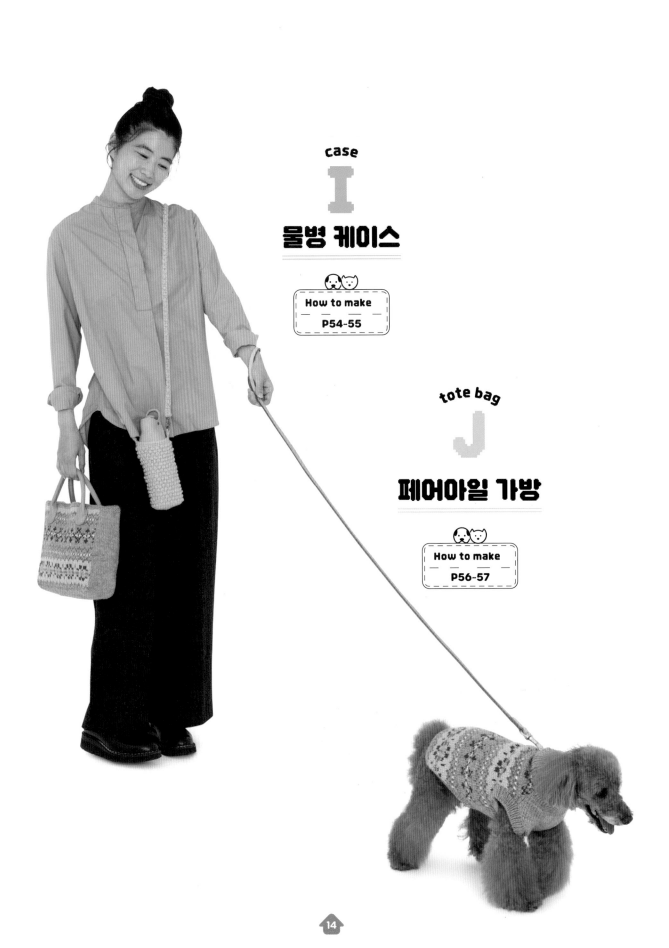

case

I

물병 케이스

How to make

P54-55

tote bag

J

페어아일 가방

How to make

P56-57

vest

페어아일 베스트

How to make
P58-59

sweater

페어아일 스웨터

사이즈/S · SM · M

How to make
P60-63

sweater

M

꽈배기무늬 스웨터

사이즈/M · ML · L

How to make

P64-66

sweater
N

꽈배기무늬 스웨터

사이즈/M · ML · L

How to make
P64-66

cape

케이프

사이즈/M · ML · L · XL

How to make

P68-69

sweater

P

로피 스웨터

사이즈/XL

How to make

P67

sweater

아란 스웨터

사이즈/M · ML · L

How to make

P70-73

sweater

R

아란 스웨터

How to make
P74-75

S

M

collar
S

스목 자수 목줄

L

How to make

P76

muzzle

T

입마개

How to make
P77

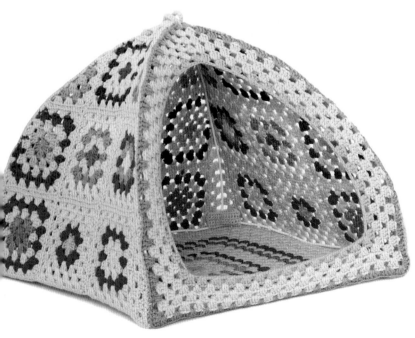

dog toy

강아지 장난감

How to make
P89-90

mat

펫 매트

How to make
P82-83

oval bed

X

타원형 침대

How to make
P88-89

카페 매트&슬리핑 백

How to make
P84-85

bag

Z

슬링백

How to make
P86-87

Dog's profile

이 책에 등장하는 강아지 모델

SIZE 목둘레/몸통둘레/등길이(사이즈) 단위 cm

티나
요크셔테리어
1살 ♀
SIZE 16.5/26/29(XS)

루나
몰티즈
8개월 ♀
SIZE 19/30/25(XS)

안
치와와
5살 7개월 ♀
SIZE 19/31/24(XS~S)

레온
치와와
3살 3개월 ♂
SIZE 19/30/24(XS~S)

베이더
토이 푸들
2살 4개월 ♂
SIZE 27/40/35(SM)

후지코
토이 푸들
13살 8개월 ♀
SIZE 24/39/34(SM)

리쿠
카발리에 킹 찰스 스패니얼
2살 ♂
SIZE 31/46/42(ML)

쓰무지
보스턴 테리어
5개월 ♂
SIZE 30/45/38(M~ML)

페코
미니어처 닥스훈트
4살 8개월 ♀
SIZE 26/37/33(DS)

람다
셰틀랜드 시프도그
8살 ♂
SIZE 35/60/56(XL)

칩
슈나우저
11살 ♂
SIZE 32/54/39(L~XL)

나쓰키
시바견
4살 3개월 ♀
SIZE 36.5/55/35(L~XL)

에이미
골든 레트리버
8살 6개월 ♀
SIZE 목둘레 46(5XL)

뜨개를 시작하기 전에

옷을 뜨기 전에 먼저 치수를 잽니다.

사진을 참고해 목둘레(A), 몸통둘레(B), 등길이(C)를 재고 각각의 숫자를 아래 사이즈표에 적용합니다.

강아지 사이즈는 개체차가 있기 때문에 딱 들어맞지 않을 수 있지만

니트는 신축성이 있으므로 사이즈가 다소 달라도 괜찮습니다.

다음 페이지에서는 손쉽게 사이즈를 바꾸는 방법을 소개했으니 참고해주세요.

치수 재는 방법

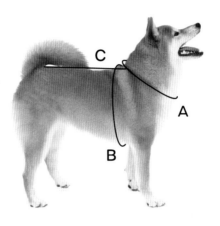

C 등길이
목 밑동에서 꼬리 밑동까지의 길이.

A 목둘레
목줄을 매는 위치.

B 몸통둘레
앞다리 뒤쪽의 몸통을 빙 둘러 잰 길이로 몸통의 가장 굵은 부분.

Size list
사이즈표 단위 cm

소형견·중형견

사이즈	목둘레(A)	몸통둘레(B)	등길이(C)	표준 체중	참고 견종
XS	20(19~21)	30(28~32)	22(20~23)	1.5kg 전후	치와와, 티컵 푸들, 퍼피, 몰티즈, 요크셔테리어
S	22(20~24)	34(32~36)	25(23~27)	1.5~2kg	치와와, 토이 푸들(소), 요크셔테리어, 미니어처 핀셔
SM	25(23~27)	38(36~40)	27(25~29)	2~3kg	치와와(대), 토이 푸들(소), 파피용, 포메라니안, 요크셔테리어
M	27(25~29)	42(40~44)	29(27~31)	4.5~5.5kg	시츄, 토이 푸들, 몰티즈
ML	30(28~32)	46(44~48)	33(31~35)	4.5~6kg	시츄, 미니어처 슈나우저
L	34(32~36)	52(50~54)	35(33~37)	6~7kg	시바견, 비글
XL	36(34~38)	54(52~56)	37(35~39)	8~10kg	시바견, 프렌치 불독그, 셰틀랜드 시프도그

닥스훈트

사이즈	목둘레(A)	몸통둘레(B)	등길이(C)	표준 체중	참고 견종
DSS	20(20~24)	34(32~36)	30(28~32)	2~3kg	카니헨 닥스훈트
DS	25(23~27)	37(35~39)	33(31~35)	3~4kg	미니어처 닥스훈트
DM	28(26~30)	40(38~42)	36(34~38)	4~5kg	미니어처 닥스훈트, 닥스훈트

게이지

게이지란 '뜨개코의 크기'를 말합니다. 작품과 같은 실, 바늘로 사방 15cm 정도의 편물을 뜨고 코를 정돈한 뒤, 중앙의 사방 10cm에 있는 콧수와 단수를 셉니다. 이 콧수와 단수가 게이지입니다. 같은 실이라도 니터의 장력에 따라 달라집니다. 지정 게이지보다 콧수, 단수가 적을 때는 바늘을 1~2호 가늘게, 많을 때는 바늘을 1~2호 굵게 해서 지정 게이지에 가깝게 맞춥니다.

작품 사이즈와 조정

이 책에서 소개한 스웨터는 사이즈표(p.31)를 토대로 소형견·중형견은 XS~XL 사이즈, 닥스훈트는 DSS~DM 사이즈에 맞춰 제작되었습니다. 뜨개법 페이지에는 그중 2~4 사이즈의 도안과 모델견(p.30)에 맞춘 도안을 실었습니다. 개는 견종이 같아도 개체차가 크므로 사이즈에는 차이가 있을 수 있습니다. 니트는 신축성이 있기 때문에 다소 달라도 입히는 데에는 상관없지만 뜨기 전에 작품 사이즈를 참고해서 강아지 사이즈에 맞춰 콧수와 단수를 조정해 가능한 착용감이 좋은 스웨터를 뜹니다.

강아지 사이즈에 맞춰 조정하는 방법

뜨개법 페이지의 도안을 토대로 콧수, 단수를 조정합니다. 먼저 사이즈와 도안 보는 방법을 익힙니다.

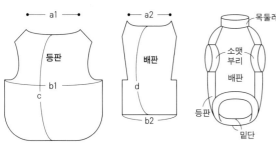

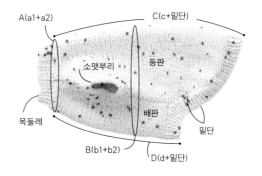

● 목둘레(A)=등판 a1+배판 a2   ● 몸통둘레(B)=등판 b1+배판 b2
● 등길이(C)=등판 c+밑단 너비   ● 앞길이(D)=배판 d+밑단 너비
※D는 목둘레에서 밑단까지의 길이(아래 가운데 사진 참고).

목둘레·몸통둘레 조정

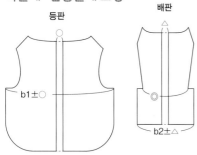

등판·배판 중앙의 직선 부분에서 증감합니다. 목둘레를 조정할 때는 목둘레의 콧수와 대바늘 굵기를 바꿔주세요.

배판 중앙 부분(△)에서 증감할 때는 앞다리 밑동의 안쪽(◎)을 잽니다. ◎의 치수±1cm 정도가 되게 콧수를 조정합니다.

등길이 조정

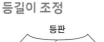

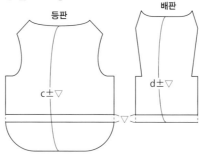

등판과 배판 밑단 쪽의 직선 부분에서 증감합니다. 등길이는 취향에 따라 바꿉니다. 수컷은 앞길이를 조정합니다.

수컷의 경우
앞길이(D)를 잽니다. 배판은 짧게(소변이 튀지 않는 길이) 합니다.

무늬뜨기 배치

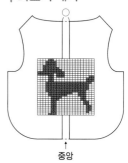

등판 중앙에 무늬뜨기가 있는 디자인은 무늬 중앙을 맞추고 ○ 부분에서 절개하거나 겹칩니다. 1무늬 단위로 좌우 대칭으로 증감합니다. 그림처럼 1무늬가 클 때는 무늬를 중앙에 배치하고 메리야스 뜨기 콧수를 증감합니다.

도안 보는 방법

여기서는 노블 도트 무늬 스웨터 SM 사이즈의
등판 뜨는 방법을 예로 들어 설명합니다. 다른
작품을 뜰 때도 방식은 동일합니다. 책 마지막에는
기초 기법을 실었으니 참고해주세요.

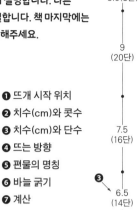

❶ 뜨개 시작 위치
❷ 치수(cm)와 콧수
❸ 치수(cm)와 단수
❹ 뜨는 방향
❺ 편물의 명칭
❻ 바늘 굵기
❼ 계산

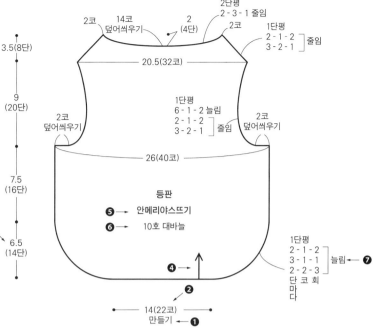

13(20코)

2코 | 14코 덮어씌우기 | 2 (4단) | 2단평 2-3-1 줄임 | 2코

1단평 2-1-2 3-2-1 } 줄임

3.5(8단)

20.5(32코)

9 (20단)

2코 덮어씌우기

1단평 6-1-2 늘림 2-1-2 3-2-1 } 줄임

2코 덮어씌우기

7.5 (16단)

26(40코)

등판
❺ → 안메리야스뜨기
❻ → 10호 대바늘

6.5 (14단)

❸

1단평 2-1-2 3-1-1 2-2-3 단 코 회 마 다 } 늘림 ← ❼

❹ → ↑ ❷

14(22코)
만들기 ← ❶

등판

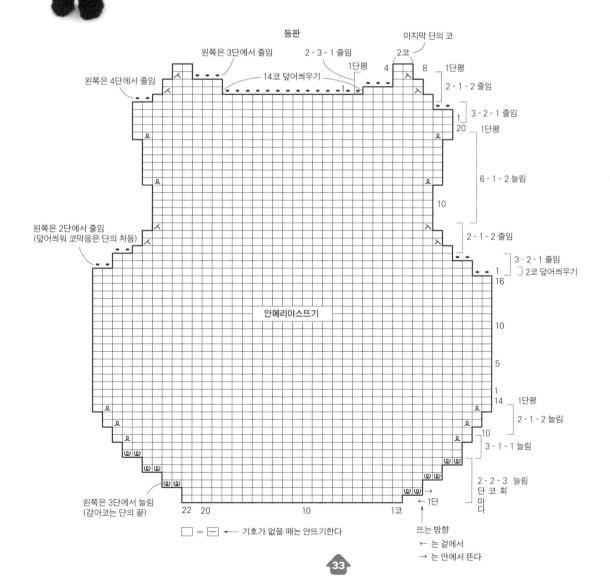

왼쪽은 3단에서 줄임

2-3-1 줄임

마지막 단의 코

2코

왼쪽은 4단에서 줄임

14코 덮어씌우기

1단평

4

8

1단평 2-1-2 줄임

1

3-2-1 줄임

20

1단평

6-1-2 늘림

10

왼쪽은 2단에서 줄임
(덮어씌워 코막음은 단의 처음)

2-1-2 줄임

1

3-2-1 줄임
2코 덮어씌우기

16

안메리야스뜨기

10

5

1

14

1단평

2-1-2 늘림

10

3-1-1 늘림

2-2-3 늘림
단 코 회
마 다

왼쪽은 3단에서 늘림
(감아코는 단의 끝)

22 20   10   1코

← 1단

뜨는 방향
← 는 겉에서
→ 는 안에서 뜬다

☐ = ⊟ ← 기호가 없을 때는 안뜨기한다

모헤어 줄무늬 스웨터 p.4-5

사이즈(단위㎝)

	목둘레	몸통둘레	등길이
XS	20	32.5	25.5
S	21.5	37	25.5
SM	24.5	40.5	28.5
M	28	45	29.5

p.4, 5 모두 모델견은 XS 착용

〈 실 〉　다루마 울 모헤어

사용색 번호는 배색표 참고

XS – a색 10g, b색 8g, c색 5g

S – a색 12g, b색 9g, c색 6g

SM – a색 14g, b색 11g, c색 7g

M – a색 16g, b색 13g, c색 8g

〈 도구 〉　대바늘 8호, 10호

〈 게이지 〉　메리야스뜨기(줄무늬) 14코×19단(10×10cm)

〈 뜨는 법 〉

실은 1가닥으로 지정한 배색대로 뜹니다.

등판은 8호 대바늘로 손가락에 실을 걸어서 기초코를 만들어 뜨기 시작합니다. 1코 고무뜨기(줄무늬)로 뜨다가 10호 대바늘로 바꿔 메리야스뜨기(줄무늬)로 뜹니다. 진동둘레, 어깨는 그림처럼 증감코를 하면서 뜹니다. 뒤목둘레는 덮어씌워 코막음합니다. 뜨개 끝의 코에 실꼬리를 통과시켜 정리합니다.

배판은 등판과 같은 요령으로 뜹니다. 뜨개 끝은 덮어씌워 코막음합니다.

옆선과 어깨를 떠서 꿰매기로 연결합니다.

목둘레, 소맷부리는 등판과 배판에서 코를 주워 1코 고무뜨기를 원통으로 뜹니다. 뜨개 끝은 덮어씌워 코막음합니다.

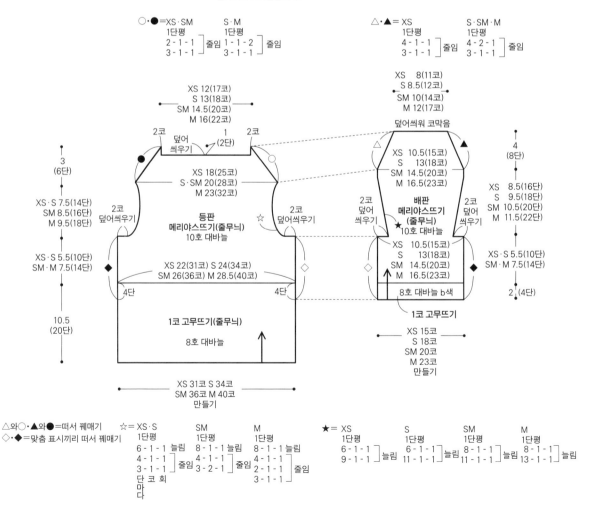

34

배색		p.4	p.5
a색	☐	민트(3)	베이비핑크(9)
b색	■	체리(4)	체리(4)
c색	▨	스카이블루(8)	베이지(2)

XS 사이즈   등판

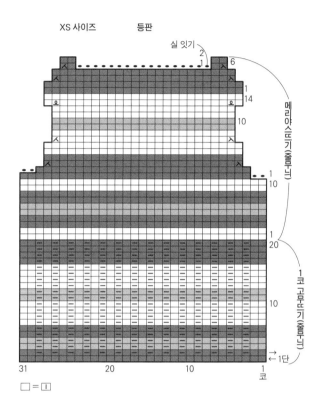

배판

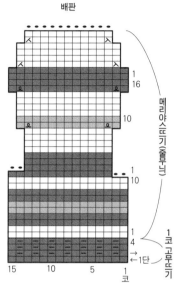

□ = ☐

1코 고무뜨기(줄무늬)

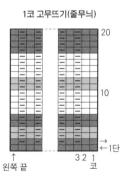

왼쪽 끝

1코 고무뜨기

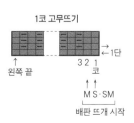

왼쪽 끝

↑ ↑
M S·SM

배판 뜨개 시작

메리야스뜨기(줄무늬) 배색

5단 미만으로 남으면
앞단과 같은 색으로 뜬다

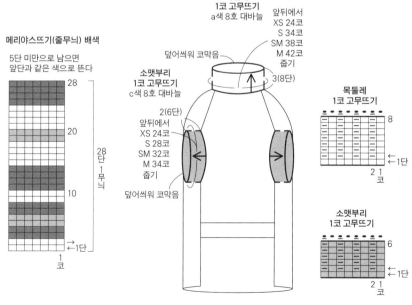

35

B 푸들 배색무늬 스웨터 P.6

사이즈(단위㎝)

	목둘레	몸통둘레	등길이
S	21	34	25.5
SM	23	38	26.5
M	25	42	28
모델견 착용	22	40	33.5

모델견 착용=SM의 목둘레를 좁게, 몸통둘레를 넓게,
등길이를 길게 변형(도안 p.38)

〈 실 〉　하마나카 푸가 '솔로 컬러'
　　　　사용색 번호는 배색표 참고
　　　　S − a색 30g, b색 7g, c색 5g
　　　　SM − a색 36g, b색 8g, c색 6g
　　　　M − a색 41g, b색 9g, c색 7g
　　　　모델견 착용 − a색 46g, b색 10g, c색 7g

〈 도구 〉　대바늘 7호, 8호

〈 게이지 〉　메리야스뜨기·배색무늬 18.5코×25단 (10×10cm)

〈 뜨는 법 〉

실은 1가닥으로 지정한 배색대로 뜹니다.

등판은 손가락에 실을 걸어서 기초코를 만들어 뜨기 시작합니다. 메리야스뜨기로 코를 늘리면서 뜹니다. 푸들 배색무늬는 실을 세로로 걸치면서 뜹니다. 진동둘레, 어깨, 뒤목둘레는 증감코를 하면서 뜹니다. 뜨개 끝의 코에 실꼬리를 통과시켜 정리합니다.

배판은 별도 사슬로 기초코를 만들어 뜨기 시작해 등판과 같은 요령으로 뜹니다.

옆선과 어깨를 떠서 꿰매기로 연결합니다.

밑단, 목둘레, 소맷부리는 등판과 배판에서 코를 주워 1코 고무뜨기(줄무늬)를 원통으로 뜹니다(배판은 별도 사슬을 풀어 코를 대바늘로 옮긴다). 뜨개 끝은 1코 고무뜨기 코막음을 합니다. 코드를 뜨고 목둘레 1코 고무뜨기(줄무늬)의 배판 중앙에서 좌우 대칭으로 끼웁니다. 폼폼을 만들고 코드 끝에 꿰매 답니다. 코드 길이는 강아지 목둘레에 맞춰 조절합니다.

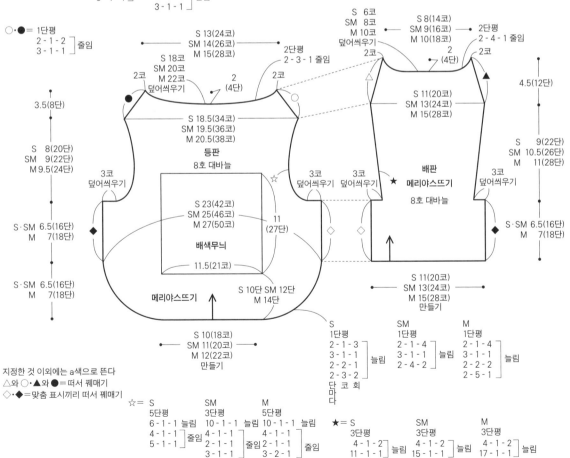

△·▲= S
　　　5단평
　　　7 - 1 - 1 줄임

　　SM
　　　3단평
　　　4 - 1 - 1
　　　5 - 1 - 1 줄임

　　M
　　　3단평
　　　2 - 1 - 1
　　　4 - 1 - 1
　　　3 - 1 - 1 줄임

○·●= 1단평
　　　2 - 1 - 2
　　　3 - 1 - 1 줄임

S 13(24코)
SM 14(26코)
M 15(28코)
2단평
2 - 3 - 1 줄임

S 18코
SM 20코
M 22코
덮어씌우기

2 (4단)

2코

2코

S 6코
SM 8코
M 10코
덮어씌우기

S 8(14코)
SM 9(16코)
M 10(18코)
2단평
2 - 4 - 1 줄임

2 (4단)

2코　2코

S 18.5(34코)
SM 19.5(36코)
M 20.5(38코)

등판
8호 대바늘

S 11(20코)
SM 13(24코)
M 15(28코)

4.5(12단)

3.5(8단)

S 8(20단)
SM 9(22단)
M 9.5(24단)

3코
덮어씌우기

S 23(42코)
SM 25(46코)
M 27(50코)

배색무늬

11 (27단)

3코
덮어씌우기

3코
덮어씌우기

배판
메리야스뜨기
8호 대바늘

3코
덮어씌우기

S 9(22단)
SM 10.5(26단)
M 11(28단)

S·SM 6.5(16단)
M 7(18단)

11.5(21코)

S·SM 6.5(16단)
M 7(18단)

S·SM 6.5(16단)
M 7(18단)

메리야스뜨기

S 10단 SM 12단
M 14단

S 11(20코)
SM 13(24코)
M 15(28코)
만들기

S 10(18코)
SM 11(20코)
M 12(22코)
만들기

지정한 것 이외에는 a색으로 뜬다
△와 ○·▲와 ●= 떠서 꿰매기
◇·◆=맞춤 표시끼리 떠서 꿰매기

S
1단평
2 - 1 - 3
3 - 1 - 1
2 - 2 - 1
2 - 3 - 2 늘림
단
코
회
마
다

SM
1단평
2 - 1 - 4
3 - 1 - 1
2 - 4 - 2 늘림

M
1단평
2 - 1 - 4
3 - 1 - 1
2 - 2 - 2
2 - 5 - 1 늘림

☆= S
　　5단평
　　6 - 1 - 1 늘림
　　4 - 1 - 1
　　5 - 1 - 1 줄임

　　SM
　　3단평
　　10 - 1 - 1 늘림
　　4 - 1 - 1
　　2 - 1 - 1
　　3 - 1 - 1 줄임

　　M
　　5단평
　　10 - 1 - 1 늘림
　　4 - 1 - 1
　　2 - 1 - 1
　　3 - 2 - 1 줄임

★= S
　　3단평
　　4 - 1 - 2 늘림
　　11 - 1 - 1 늘림

　　SM
　　3단평
　　4 - 1 - 2 늘림
　　15 - 1 - 1 늘림

　　M
　　3단평
　　4 - 1 - 2 늘림
　　17 - 1 - 1 늘림

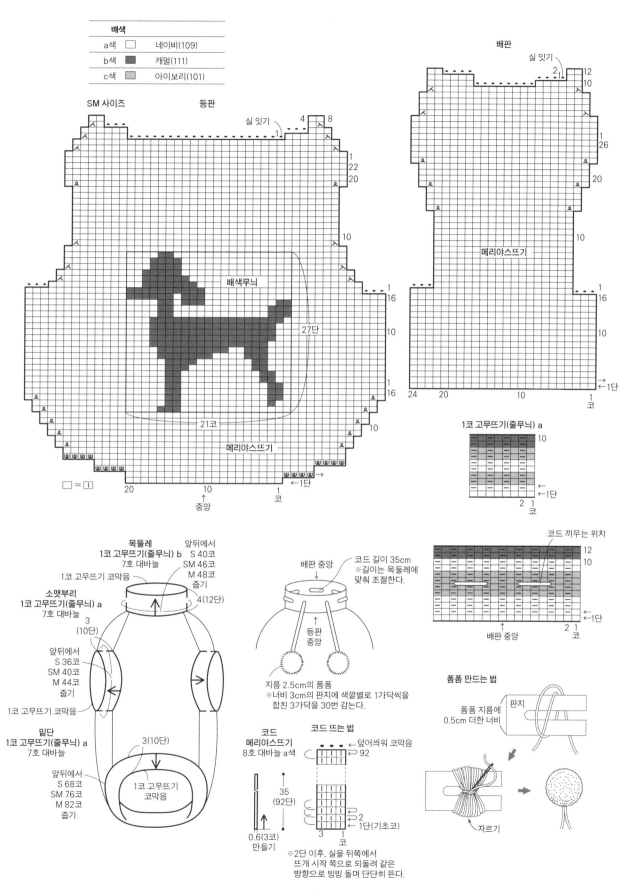

모델견 착용　배색무늬, 1코 고무뜨기(줄무늬)
　　　　　　a·b의 기호도는 p.37 참고

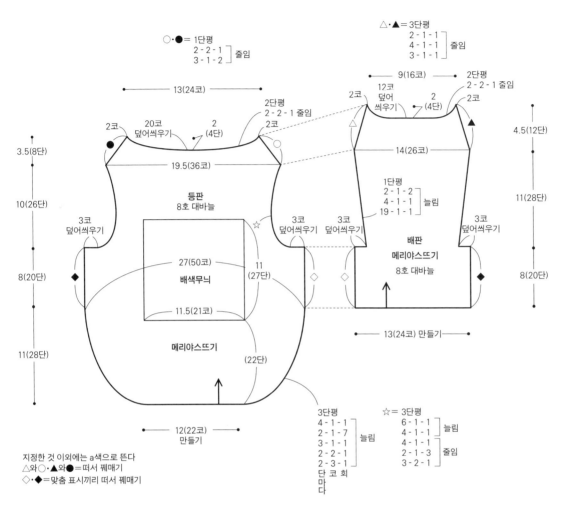

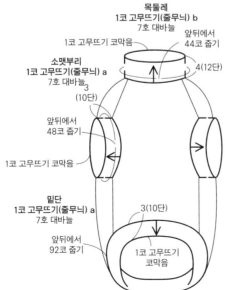

C 노블 도트 무늬 스웨터 p.7

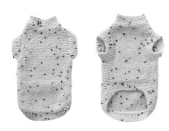

사이즈(단위㎝)

	목둘레	몸통둘레	등길이
S	21	37.5	25.5
SM	23.5	40	27.5
M	26	44	29.5
ML	30	46.4	32.5
모델견 착용	23.5	41	34.5

모델견 착용=SM의 몸통둘레를 넓게, 등길이를 길게 변형(도안 p.41)

〈 실 〉　다루마 폼폼 울
　　　　화이트×블루(9)
　　　　S – 60g　**SM** – 70g　**M** – 80g　**ML** – 100g
　　　　모델견 착용 – 90g
〈 도구 〉　대바늘 8호, 10호
〈 게이지 〉　안메리야스뜨기 15.5코×22단(10×10cm)
〈 뜨는 법 〉

실은 1가닥으로 뜹니다.
등판은 손가락에 실을 걸어서 기초코를 만들어 뜨기 시작합니다. 안메리야스뜨기로 코를 늘리면서 뜹니다. 진동둘레, 어깨, 뒤목둘레는 증감코를 하면서 뜹니다. 뜨개 끝의 코에 실꼬리를 통과시켜 정리합니다.
배판은 등판과 같은 요령으로 뜹니다.
옆선과 어깨를 떠서 꿰매기로 연결합니다.
밑단, 목둘레, 소맷부리는 등판과 배판에서 코를 주워 1코 고무뜨기를 원통으로 뜹니다. 뜨개 끝은 1코 고무뜨기 코막음을 합니다.

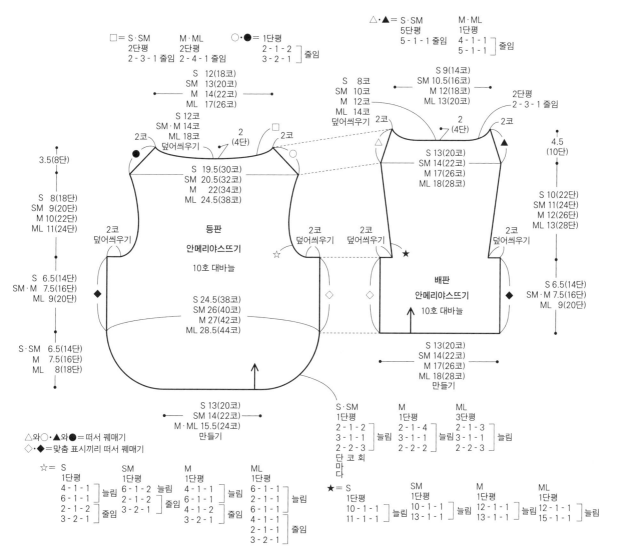

△와○·▲와●=떠서 꿰매기
◇·◆=맞춤 표시끼리 떠서 꿰매기

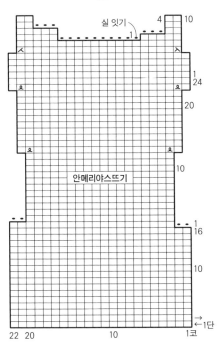

배판

실 잇기

안메리야스뜨기

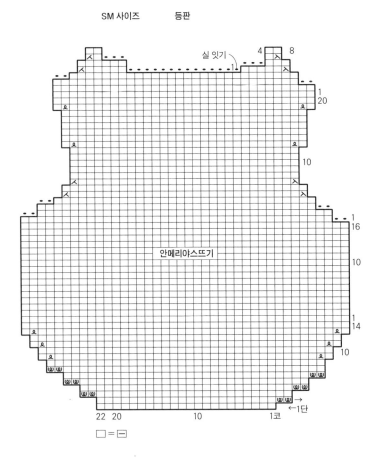

SM 사이즈　　　등판

실 잇기

안메리야스뜨기

□ = ―

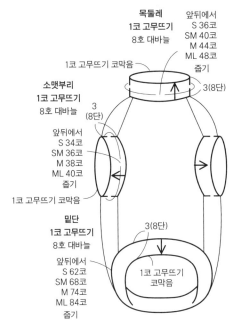

목둘레
1코 고무뜨기
8호 대바늘

앞뒤에서
S 36코
SM 40코
M 44코
ML 48코
줄기

1코 고무뜨기 코막음

3(8단)

소맷부리
1코 고무뜨기
8호 대바늘

3
(8단)

앞뒤에서
S 34코
SM 36코
M 38코
ML 40코
줄기

1코 고무뜨기 코막음

밑단
1코 고무뜨기
8호 대바늘

3(8단)

1코 고무뜨기
코막음

앞뒤에서
S 62코
SM 68코
M 74코
ML 84코
줄기

1코 고무뜨기

8

←1단

□ = ① 　 2 1
코

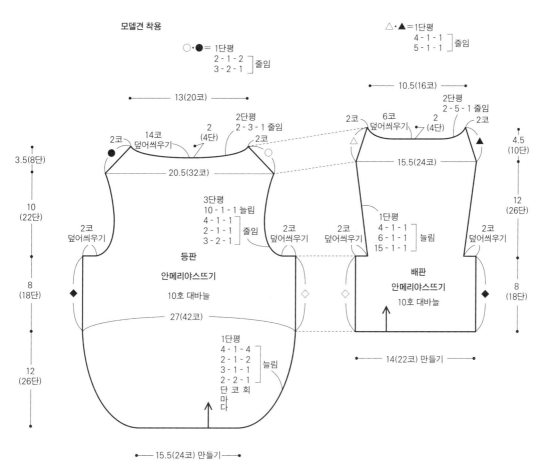

모델견 착용

○·●= 1단평
2 - 1 - 2
3 - 2 - 1 줄임

△·▲= 1단평
4 - 1 - 1
5 - 1 - 1 줄임

← 13(20코) →

← 10.5(16코) →

2
(4단)

2단평
2 - 3 - 1 줄임

2코
덮어씌우기

14코
덮어씌우기

2코

20.5(32코)

3.5(8단)

10
(22단)

8
(18단)

12
(26단)

2코
덮어씌우기

3단평
10 - 1 - 1 늘림
4 - 1 - 1
2 - 1 - 1 줄임
3 - 2 - 1

등판
안메리야스뜨기

10호 대바늘

27(42코)

1단평
4 - 1 - 4
2 - 1 - 2
3 - 1 - 1
2 - 2 - 1 늘림
단 코 회
마
다

2코
덮어씌우기

2코
덮어씌우기

2코
덮어씌우기

6코
덮어씌우기

2
(4단)

2단평
2 - 5 - 1 줄임

2코

2코
덮어씌우기

15.5(24코)

1단평
4 - 1 - 1
6 - 1 - 1 늘림
15 - 1 - 1

배판
안메리야스뜨기

10호 대바늘

4.5
(10단)

12
(26단)

8
(18단)

14(22코) 만들기

15.5(24코) 만들기

△와○·▲와●= 떠서 꿰매기
◇·◆= 맞춤 표시끼리 떠서 꿰매기

목둘레
1코 고무뜨기
8호 대바늘

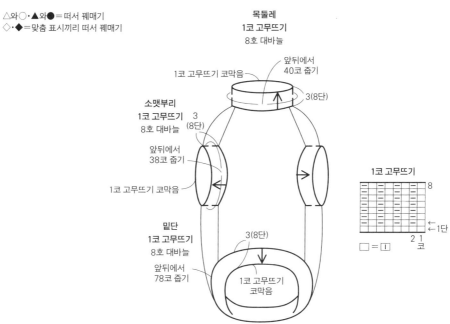

1코 고무뜨기 코막음

앞뒤에서
40코 줍기

3(8단)

소맷부리
1코 고무뜨기
8호 대바늘

3
(8단)

앞뒤에서
38코 줍기

1코 고무뜨기 코막음

밑단
1코 고무뜨기
8호 대바늘

앞뒤에서
78코 줍기

3(8단)

1코 고무뜨기
코막음

1코 고무뜨기

8

← 1단

2 1
코

□ = Ｉ

〈실〉 퍼피 셰틀랜드 오페라핑크(28)
　　　XS – 60g **S** – 70g
〈도구〉 대바늘 3호, 5호, 코바늘 5/0호
〈게이지〉 무늬뜨기 A 24코×30단(10×10cm)
　　　　무늬뜨기 B 6코 1무늬=3cm, 10단=3cm
　　　　무늬뜨기 C 24코=10cm, 12단=4cm
　　　　1코 고무뜨기 23.5코×28단(10×10cm)

〈뜨는 법〉
실은 1가닥으로 뜹니다.
등판은 손가락에 실을 걸어서 기초코를 만들어 뜨기 시작합니다. 무늬뜨기 A로 뜹니다. 진동둘레, 어깨, 뒤목둘레는 증감코를 하면서 뜹니다. 뜨개 끝의 코에 실꼬리를 통과시켜 정리합니다. 배판은 등판과 같은 요령으로 뜨기 시작해 1코 고무뜨기로 뜹니다. 진동둘레, 어깨는 증감코를 하면서 뜹니다. 뜨개 끝은 덮어씌워 코막음합니다.
옆선과 어깨를 떠서 꿰매기로 연결합니다.
밑단, 목둘레, 소맷부리는 등판과 배판에서 코를 주워 무늬뜨기 B를 원통으로 뜹니다. 배판의 뜨개 끝은 1코 고무뜨기 코막음을 하고, 등판은 이어서 프릴 a의 무늬뜨기 C를 뜬 다음 뜨개 끝은 코바늘로 테두리뜨기를 합니다. 프릴 b는 등판과 같은 요령으로 뜨기 시작해 1코 고무뜨기와 무늬뜨기 C를 뜹니다. 프릴 a 아래에 겹쳐서 꿰매 답니다.

사이즈(단위㎝)

	목둘레	몸통둘레	등길이
XS	19	30	20
S	22	34	23

모델견은 XS 착용

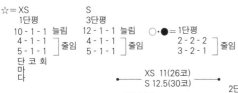

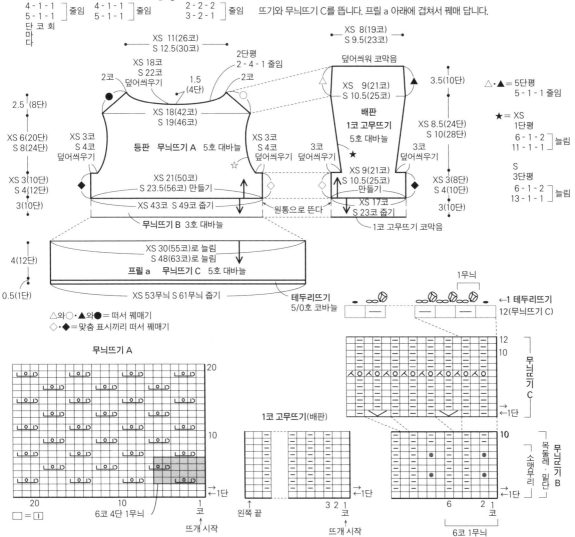

등판　무늬뜨기 A

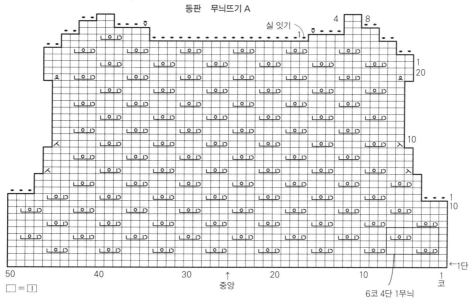

실 잇기

□ = 1

6코 4단 1무늬

중앙

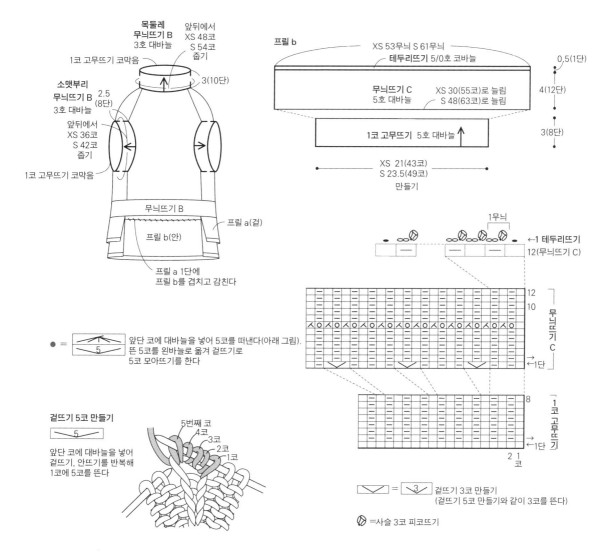

목둘레
무늬뜨기 B
3호 대바늘

앞뒤에서
XS 48코
S 54코
줄기

1코 고무뜨기 코막음

3(10단)

소맷부리
무늬뜨기 B
3호 대바늘

2.5
(8단)

앞뒤에서
XS 36코
S 42코
줄기

1코 고무뜨기 코막음

무늬뜨기 B

프릴 a(겉)

프릴 b(안)

프릴 a 1단에
프릴 b를 겹치고 감친다

프릴 b

XS 53무늬 S 61무늬

테두리뜨기 5/0호 코바늘

0,5(1단)

4(12단)

무늬뜨기 C　XS 30(55코)로 늘림
5호 대바늘　S 48(63코)로 늘림

1코 고무뜨기 5호 대바늘

3(8단)

XS 21(43코)
S 23.5(49코)
만들기

• = 앞단 코에 대바늘을 넣어 5코를 떠낸다(아래 그림).
뜬 5코를 왼바늘로 옮겨 겉뜨기로
5코 모아뜨기를 한다

1무늬

←1 테두리뜨기
12(무늬뜨기 C)

무늬뜨기 C

1코 고무뜨기

겉뜨기 5코 만들기

5번째 코
4코
3코
2코
1코

앞단 코에 대바늘을 넣어
겉뜨기, 안뜨기를 반복해
1코에 5코를 뜬다

= 겉뜨기 3코 만들기
(겉뜨기 5코 만들기와 같이 3코를 뜬다)

= 사슬 3코 피코뜨기

E 레이스 무늬 스웨터  p.9

사이즈(단위 ㎝)

	목둘레	몸통둘레	등길이
XS	19	30	21
S	22	34	25.5

모델견은 XS 착용

〈 실 〉 퍼피 셰틀랜드 라임그린(48)
XS – 50g **S** – 60g
〈 도구 〉 대바늘 3호, 5호
〈 게이지 〉 무늬뜨기 A 24코×30단(10×10cm)
무늬뜨기 B 6코 1무늬=3cm, 10단=3cm
1코 고무뜨기 23.5코×28단(10×10cm)

〈 뜨는 법 〉
실은 1가닥으로 뜹니다. 등판은 손가락에 실을 걸어서 기초코를 만들어 뜨기 시작합니다. 양 끝에서 코를 늘리면서 무늬뜨기 A로 뜹니다. 진동둘레, 어깨, 뒤목둘레는 증감코를 하면서 뜹니다. 뜨개 끝의 코에 실꼬리를 통과시켜 정리합니다.
배판은 등판과 같은 요령으로 뜨기 시작해 1코 고무뜨기로 뜹니다. 진동둘레, 어깨는 증감코를 하면서 뜹니다. 뜨개 끝은 덮어씌워 코막음합니다.
옆선과 어깨를 떠서 꿰매기로 연결합니다.
밑단, 목둘레, 소맷부리는 등판과 배판에서 코를 주워 무늬뜨기 B를 원통으로 뜹니다. 뜨개 끝은 1코 고무뜨기 코막음을 합니다.

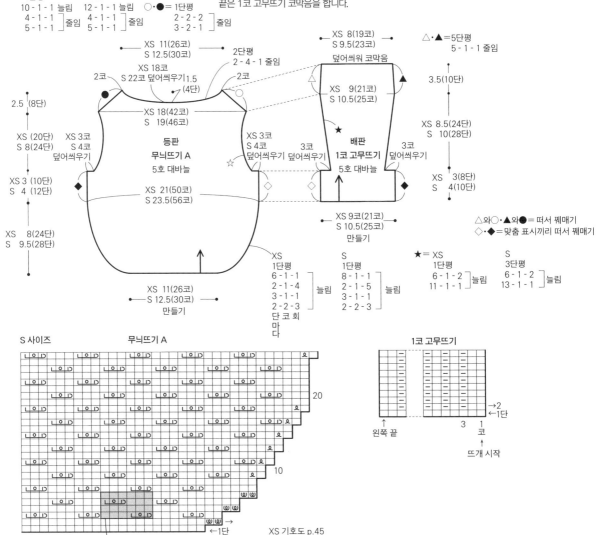

☆= XS
1단평
10 - 1 - 1 늘림
4 - 1 - 1
5 - 1 - 1 줄임

S
3단평
12 - 1 - 1 늘림
4 - 1 - 1
5 - 1 - 1 줄임

○•●=1단평
2 - 2 - 2
3 - 2 - 1 줄임

XS 8(19코)
S 9.5(23코)

덮어씌워 코막음

△•▲=5단평
5 - 1 - 1 줄임

3.5(10단)

XS 11(26코)
S 12.5(30코)

2단평
2 - 4 - 1 줄임

XS 18코
S 22코 덮어씌우기 1.5
(4단)

2코

XS 9(21코)
S 10.5(25코)

XS 8.5(24단)
S 10(28단)

2.5 (8단)

XS 18(42코)
S 19(46코)

XS (20단)
S 8(24단)

XS 3코
S 4코
덮어씌우기

등판
무늬뜨기 A
5호 대바늘

XS 3코
S 4코
덮어씌우기

3코
덮어씌우기

배판
1코 고무뜨기
5호 대바늘

3코
덮어씌우기

XS 9(21코)
S 10.5(25코)

XS 3코
S 4코

XS 3 (10단)
S 4 (12단)

XS 21(50코)
S 23.5(56코)

★

☆

◇

◆

◇

◆

XS 3(8단)
S 4(10단)

XS 8(24단)
S 9.5(28단)

XS 9(21코)
S 10.5(25코)
만들기

△와○와 ▲와● = 떠서 꿰매기
◇•◆=맞춤 표시끼리 떠서 꿰매기

XS 11(26코)
S 12.5(30코)
만들기

XS
1단평
6 - 1 - 1
2 - 1 - 4
3 - 1 - 1
2 - 2 - 3
단 코 회
마 다

S
1단평
8 - 1 - 1
2 - 1 - 5
3 - 1 - 1
2 - 2 - 3

★= XS
1단평
6 - 1 - 2 늘림
11 - 1 - 1

S
3단평
6 - 1 - 2 늘림
13 - 1 - 1

S 사이즈   무늬뜨기 A

20

10

20   10   1코
↑   ↑   코
중앙
6코 4단 1무늬

XS 기호도 p.45

□=|1|

1코 고무뜨기

→2
→1단

3   1
코
왼쪽 끝   ↑
뜨개 시작

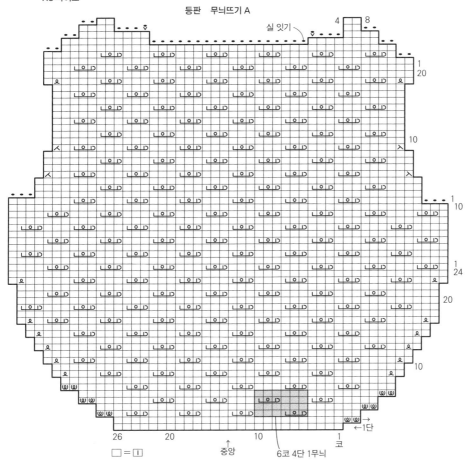

XS 사이즈

등판　무늬뜨기 A

실 잇기

□ = □

중앙

6코 4단 1무늬

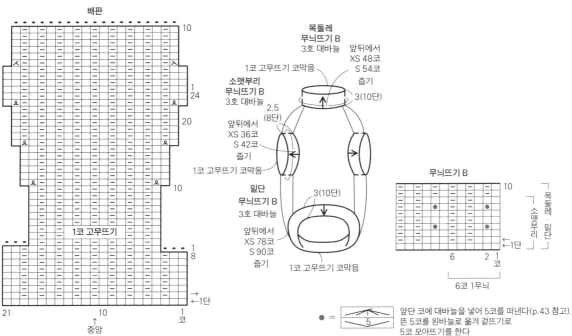

배판

1코 고무뜨기

중앙

목둘레
무늬뜨기 B
3호 대바늘

앞뒤에서
XS 48코
S 54코
줄기

3(10단)

1코 고무뜨기 코막음

소맷부리
무늬뜨기 B
3호 대바늘

2.5
(8단)

앞뒤에서
XS 36코
S 42코
줄기

1코 고무뜨기 코막음

밑단
무늬뜨기 B
3호 대바늘

3(10단)

앞뒤에서
XS 78코
S 90코
줄기

1코 고무뜨기 코막음

무늬뜨기 B

목둘레·밑단

소맷부리

6코 1무늬

● = 앞단 코에 대바늘을 넣어 5코를 떠낸다(p.43 참고).
뜬 5코를 왼바늘로 옮겨 겉뜨기로
5코 모아뜨기를 한다

F 체크무늬 스웨터   p.10

사이즈(단위 ㎝)

	목둘레	몸통둘레	등길이
DSS	23	32.5	33
DS	26	35.5	37
DM	28.5	38.5	39
모델견 착용	28	37.5	30.5

모델견 착용=DS의 목둘레와 몸통둘레를 넓게, 등길이를 짧게 변형
(도안 p.49)

〈 실 〉　퍼피 셰틀랜드
사용색 번호는 배색표 참고
DSS – a색 34g, b색 14g, c색 10g, d색 8g, e색 7g
DS – a색 38g, b색 15g, c색 11g, d색 8g, e색 8g
DM – a색 46g, b색 19g, c색 14g, d색 10g, e색 9g
모델견 착용 – a색 41g, b색 15g, c색 12g, d색 9g, e색 9g

〈 도구 〉　대바늘 4호, 5호
〈 게이지 〉　메리야스뜨기(줄무늬)·메리야스뜨기 21코×30단(10×10cm)
〈 뜨는 법 〉

실은 1가닥으로 지정한 배색대로 뜹니다.
등판은 손가락에 실을 걸어서 기초코를 만들어 뜨기 시작합니다. 양 끝은 1코 고무뜨기, 중앙은 메리야스뜨기(줄무늬)로 뜹니다. 뜨는 방향에 주의하며 되도록 실을 자르지 않고 뜹니다. 진동둘레, 어깨는 증감코를 하면서 뜹니다. 뜨개 끝의 코에 실꼬리를 통과시켜 정리합니다. 지정 위치에 메리야스 자수를 놓습니다. 배판은 등판과 같은 요령으로 뜹니다.
옆선과 어깨를 떠서 꿰매기로 연결합니다.
목둘레, 소맷부리는 등판과 배판에서 코를 주워 1코 고무뜨기(줄무늬)를 원통으로 뜨는데, 등판 중앙은 그림처럼 리드줄용 구멍을 만듭니다. 뜨개 끝은 1코 고무뜨기 코막음을 합니다.

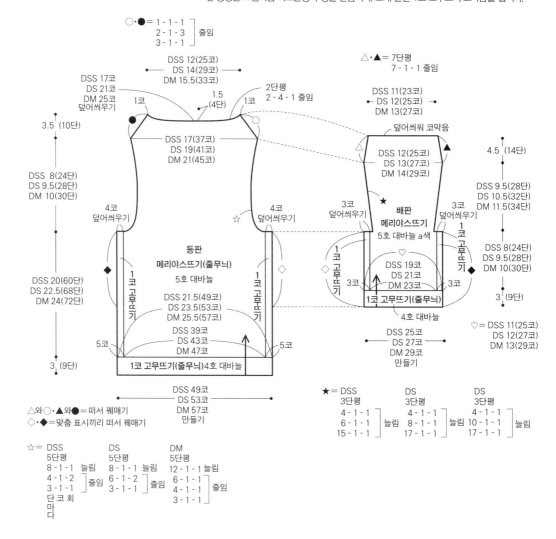

○·●= 1 - 1 - 1
　　　2 - 1 - 3　줄임
　　　3 - 1 - 1

△·▲ = 7단평
　　　7 - 1 - 1 줄임

△와○·▲와●= 떠서 꿰매기
◇·◆=맞춤 표시끼리 떠서 꿰매기

☆= DSS
5단평
8 - 1 - 1 늘림
4 - 1 - 2
3 - 1 - 1　줄임
단 코 회
마다

DS
5단평
8 - 1 - 1 늘림
6 - 1 - 2
3 - 1 - 1　줄임

DM
5단평
12 - 1 - 1 늘림
6 - 1 - 1
4 - 1 - 1　줄임
3 - 1 - 1

★= DSS
3단평
4 - 1 - 1
6 - 1 - 1　늘림
15 - 1 - 1

DS
3단평
4 - 1 - 1
8 - 1 - 1　늘림
17 - 1 - 1

DS
3단평
4 - 1 - 1
10 - 1 - 1　늘림
17 - 1 - 1

♡= DSS 11(25코)
DS 12(27코)
DM 13(29코)

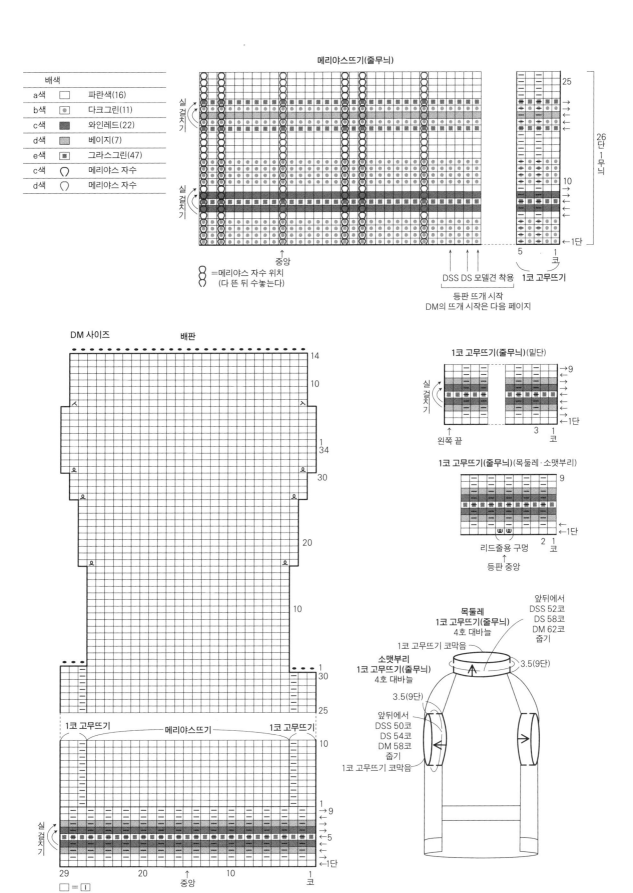

메리야스뜨기(줄무늬)

배색

a색	☐	파란색(16)
b색	⊙	다크그린(11)
c색	■	와인레드(22)
d색	▨	베이지(7)
e색	▣	그라스그린(47)
c색	◠	메리야스 자수
d색	◡	메리야스 자수

실걸치기

중앙

25
10
↓26단 1무늬
1단
5 1
코
1코 고무뜨기

◠◡ =메리야스 자수 위치
(다 뜬 뒤 수놓는다)

DSS DS 모델견 착용
등판 뜨개 시작
DM의 뜨개 시작은 다음 페이지

DM 사이즈   배판

14
10
1
34
30
20
10

メ

실걸치기

DSS DS 모델견 착용

1코 고무뜨기(줄무늬)(밑단)

9
1단

실걸치기

왼쪽 끝   3 1
코

1코 고무뜨기(줄무늬)(목둘레·소맷부리)

9
1단

리드줄용 구멍   2 1
코
등판 중앙

목둘레
1코 고무뜨기(줄무늬)
4호 대바늘

1코 고무뜨기 코막음

소맷부리
1코 고무뜨기(줄무늬)
4호 대바늘

3.5(9단)

앞뒤에서
DSS 52코
DS 58코
DM 62코
줄기

3.5(9단)

앞뒤에서
DSS 50코
DS 54코
DM 58코
줄기

1코 고무뜨기 코막음

1
30
25

1코 고무뜨기 ─── 메리야스뜨기 ─── 1코 고무뜨기
10

실걸치기

9
5
1단

29   20   10   1
코
중앙

☐ = [1]

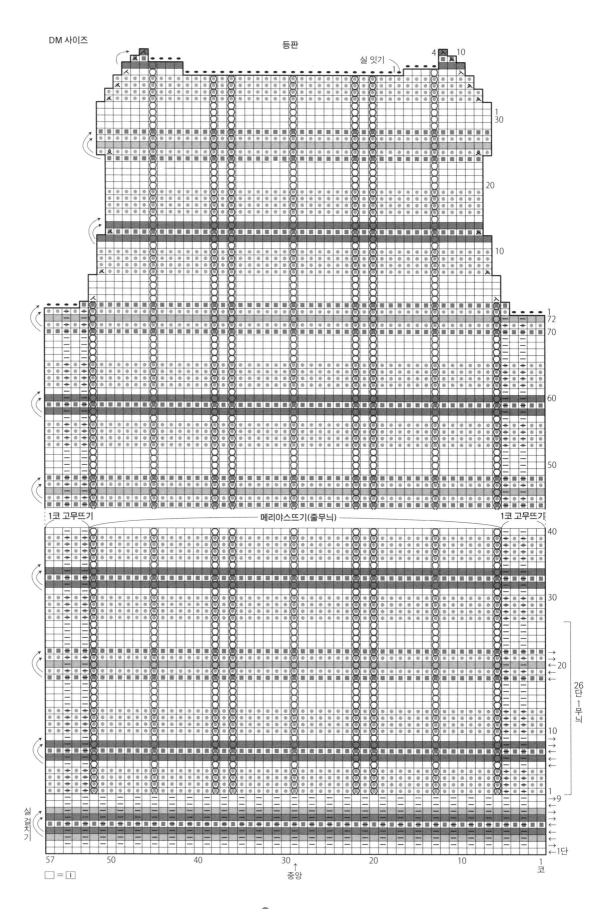

DM 사이즈

등판

실 잇기

4 10

1코 고무뜨기

메리야스뜨기(줄무늬)

1코 고무뜨기

26단 1무늬

실걸치기

57　50　40　30　20　10　코

중앙

□ = ①

모델견 착용   1코 고무뜨기(줄무늬), 메리야스뜨기(줄무늬)의
기호도는 p.47 참고

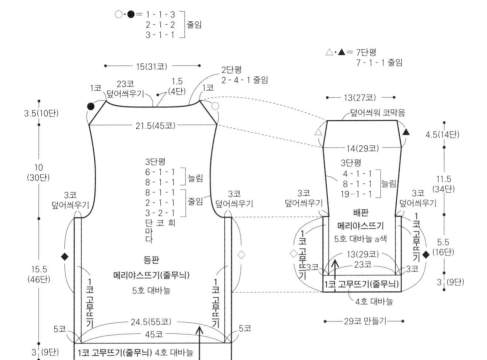

○·● = 1 - 1 - 3 ⎤
2 - 1 - 2 ⎥ 줄임
3 - 1 - 1 ⎦

△·▲ = 7단평
7 - 1 - 1 줄임

15(31코)

23코
덮어씌우기   1.5
(4단)   2단평
2 - 4 - 1 줄임

1코   1코

3.5(10단)

21.5(45코)

13(27코)
덮어씌워 코막음

14(29코)

4.5(14단)

3단평
6 - 1 - 1 ⎤ 늘림
8 - 1 - 1 ⎦
8 - 1 - 1 ⎤
2 - 1 - 1 ⎥ 줄임
3 - 2 - 1 ⎦
단 코 회
마 다

10
(30단)

3코
덮어씌우기

3코
덮어씌우기

3코
덮어씌우기

3단평
4 - 1 - 1 ⎤
8 - 1 - 1 ⎥ 늘림
19 - 1 - 1 ⎦

3코
덮어씌우기

11.5
(34단)

배판
메리야스뜨기
5호 대바늘 a색

등판
메리야스뜨기(줄무늬)
5호 대바늘

15.5
(46단)

1
코
고
무
뜨
기

1
코
고
무
뜨
기

◆

◇

1
코
고
무
뜨
기

◇
코
고
무
뜨
기 3코

13(29코)
23코

1
코
고
무
뜨
기 3코

◆

5.5
(16단)

24.5(55코)

5코   45코   5코

1코 고무뜨기(줄무늬) 4호 대바늘

1코 고무뜨기(줄무늬)
4호 대바늘

3(9단)

29코 만들기

3(9단)

55코 만들기

△와○·▲와●= 떠서 꿰매기
◇·◆= 맞춤 표시끼리 떠서 꿰매기

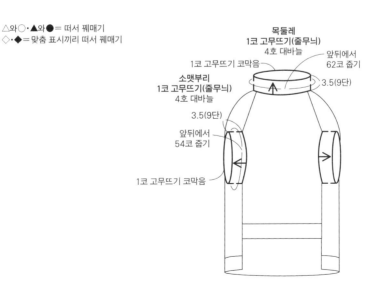

목둘레
1코 고무뜨기(줄무늬)
4호 대바늘

1코 고무뜨기 코막음

앞뒤에서
62코 줍기

소맷부리
1코 고무뜨기(줄무늬)
4호 대바늘

3.5(9단)

3.5(9단)

앞뒤에서
54코 줍기

1코 고무뜨기 코막음

사이즈(단위 ㎝)

	목둘레	몸통둘레	등길이
XS	20.5	30.5	22.5
S	21.5	34	26.5
M	26.5	42.5	28.5
ML	29	46	34
p.12 모델견 착용	32	47.5	36

p.11 모델견은 XS 착용
p.12 모델견 착용=ML을 한 사이즈 크게 변형(도안 p.53)

〈 실 〉 다루마 셰틀랜드 울
사용색 번호는 배색표 참고
XS – a색 25g, b색 12g, c색 5g
S – a색 30g, b색 15g, c색 6g
M – a색 40g, b색 20g, c색 8g
ML – a색 49g, b색 24g, c색 10g
p.12 모델견 착용 – a색 52g, b색 25g, c색 10g

〈 도구 〉 대바늘 3호, 5호

〈 게이지 〉 배색무늬 A · B 24코×24단(10×10cm)

〈 뜨는 법 〉
실은 1가닥으로 지정한 배색대로 뜹니다.
등판은 손가락에 실을 걸어서 기초코를 만들어 뜨기 시작합니다. 양 끝에서 코를 늘리면서 뜹니다. 배색무늬는 실을 가로로 걸치면서 뜹니다. 진동둘레, 어깨, 뒤목둘레는 증감코를 하면서 뜹니다. 뜨개 끝의 코에 실꼬리를 통과시켜 정리합니다.
배판은 별도 사슬로 기초코를 만들어 뜨기 시작해 등판과 같은 요령으로 뜹니다.
옆선과 어깨를 떠서 꿰매기로 연결합니다.
밑단, 목둘레, 소맷부리는 등판과 배판에서 코를 주워 1코 고무뜨기(줄무늬)를 원통으로 뜹니다(배판은 별도 사슬을 풀어 코를 대바늘로 옮긴다). 목둘레는 등판 중앙에 리드줄용 구멍을 만듭니다. 뜨개 끝은 1코 고무뜨기 코막음을 합니다.

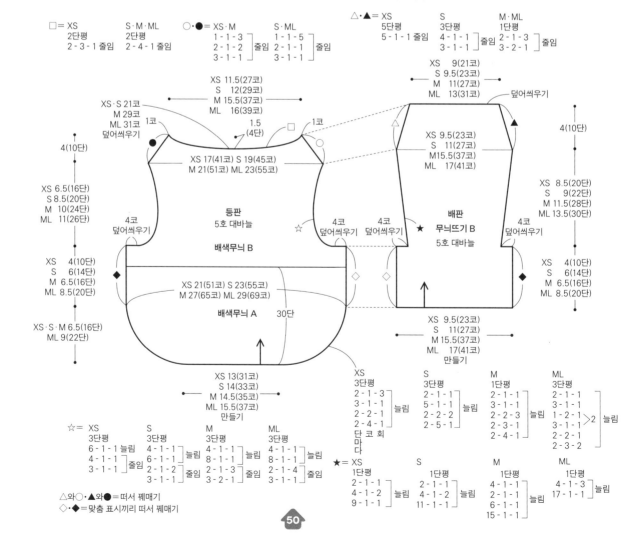

□= XS
2단평
2 - 3 - 1 줄임

S·M·ML
2단평
2 - 4 - 1 줄임

○·●= XS·M
1 - 1 - 3
2 - 1 - 2 줄임
3 - 1 - 1

S·ML
1 - 1 - 5
2 - 1 - 1 줄임
3 - 1 - 1

△·▲= XS
5단평
5 - 1 - 1 줄임

S
3단평
4 - 1 - 1 줄임
3 - 1 - 1

M·ML
1단평
2 - 1 - 3 줄임
3 - 2 - 1

XS 11.5(27코)
S 12(29코)
M 15.5(37코)
ML 16(39코)

XS·S 21코
M 29코
ML 31코
덮어씌우기

1코

1.5
(4단)

□

1코

XS 9(21코)
S 9.5(23코)
M 11(27코)
ML 13(31코)

덮어씌우기

4(10단)

4(10단)

XS 6.5(16단)
S 8.5(20단)
M 10(24단)
ML 11(26단)

XS 17(41코) S 19(45코)
M 21(51코) ML 23(55코)

4코
덮어씌우기

XS 9.5(23코)
S 11(27코)
M15.5(37코)
ML 17(41코)

등판
5호 대바늘

배색무늬 B

배판
무늬뜨기 B
5호 대바늘

☆

4코
덮어씌우기

4코
덮어씌우기

★

4코
덮어씌우기

XS 8.5(20단)
S 9(22단)
M 11.5(28단)
ML 13.5(30단)

XS 4(10단)
S 6(14단)
M 6.5(16단)
ML 8.5(20단)

XS 4(10단)
S 6(14단)
M 6.5(16단)
ML 8.5(20단)

XS 21(51코) S 23(55코)
M 27(65코) ML 29(69코)

◆

◇

◇

◆

배색무늬 A

30단

XS·S·M 6.5(16단)
ML 9(22단)

XS 9.5(23코)
S 11(27코)
M 15.5(37코)
ML 17(41코)
만들기

XS 13(31코)
S 14(33코)
M 14.5(35코)
ML 15.5(37코)
만들기

XS
3단평
2 - 1 - 3
3 - 1 - 1 늘림
2 - 2 - 1
2 - 5 - 1
단 코 회
마 다

S
3단평
2 - 1 - 1
5 - 1 - 1 늘림
2 - 2 - 2
2 - 5 - 1

M
1단평
2 - 1 - 1
3 - 1 - 1
2 - 2 - 3 늘림
2 - 3 - 1
2 - 4 - 1

ML
3단평
2 - 1 - 1
3 - 1 - 1
1 - 2 - 1
3 - 1 - 1 늘림
2 - 2 - 1
2 - 3 - 2

☆= XS
3단평
6 - 1 - 1 늘림
4 - 1 - 1
3 - 1 - 1 줄임

S
3단평
4 - 1 - 1
6 - 1 - 1 늘림
2 - 1 - 1
3 - 1 - 1 줄임

M
3단평
4 - 1 - 1
8 - 1 - 1 늘림
2 - 1 - 3
3 - 2 - 1 줄임

ML
3단평
4 - 1 - 1
8 - 1 - 1 늘림
2 - 1 - 4
3 - 1 - 1 줄임

★= XS
1단평
2 - 1 - 1
4 - 1 - 2 늘림
9 - 1 - 1

S
1단평
2 - 1 - 1
4 - 1 - 2 늘림
11 - 1 - 1

M
1단평
4 - 1 - 1
2 - 1 - 1
6 - 1 - 1 늘림
15 - 1 - 1

ML
1단평
4 - 1 - 3
17 - 1 - 1 늘림

△와○·▲와●와●= 떠서 꿰매기
◇·◆= 맞춤 표시끼리 떠서 꿰매기

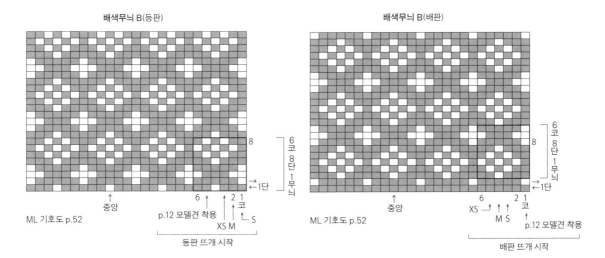

배색무늬 B(등판)

8

6코 8단 1무늬

→1단

↑중앙

6 2 1
↑ ↑ ↑코
p.12 모델견 착용
XS M S

ML 기호도 p.52

등판 뜨개 시작

배색무늬 B(배판)

8

6코 8단 1무늬

→1단

↑중앙

6 2 1
↑ ↑ ↑코
XS M S
p.12 모델견 착용

ML 기호도 p.52

배판 뜨개 시작

배색무늬 A

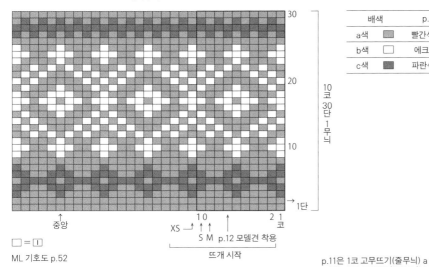

30

20

10

10코 30단 1무늬

→1단

↑중앙

1 0 2 1
↑ ↑ ↑코
XS
S M p.12 모델견 착용

□ = ⊡

ML 기호도 p.52

뜨개 시작

배색		p.11	p.12
a색		빨간색(10)	남색(5)
b색		에크뤼(1)	에크뤼(1)
c색		파란색(11)	빨간색(10)

p.11은 1코 고무뜨기(줄무늬) a
p.12는 1코 고무뜨기(줄무늬) b로 뜬다

1코 고무뜨기(줄무늬) a(p.11 배색)

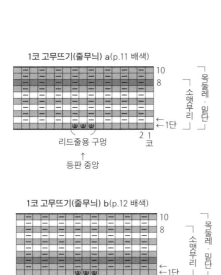

10

8

→1단

2 1
코

목둘레 · 밑단
소맷부리

리드줄용 구멍

등판 중앙

1코 고무뜨기(줄무늬) b(p.12 배색)

10

8

→1단

2 1
코

목둘레 · 밑단
소맷부리

리드줄용 구멍

등판 중앙

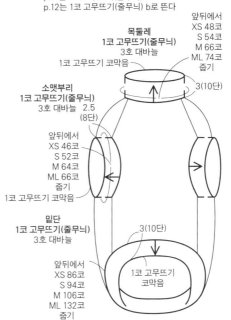

목둘레
1코 고무뜨기(줄무늬)
3호 대바늘
1코 고무뜨기 코막음

앞뒤에서
XS 48코
S 54코
M 66코
ML 74코
줍기

3(10단)

소맷부리
1코 고무뜨기(줄무늬)
3호 대바늘 2.5
(8단)

앞뒤에서
XS 46코
S 52코
M 64코
ML 66코
줍기
1코 고무뜨기 코막음

밑단
1코 고무뜨기(줄무늬)
3호 대바늘

3(10단)

앞뒤에서
XS 86코
S 94코
M 106코
ML 132코
줍기

1코 고무뜨기
코막음

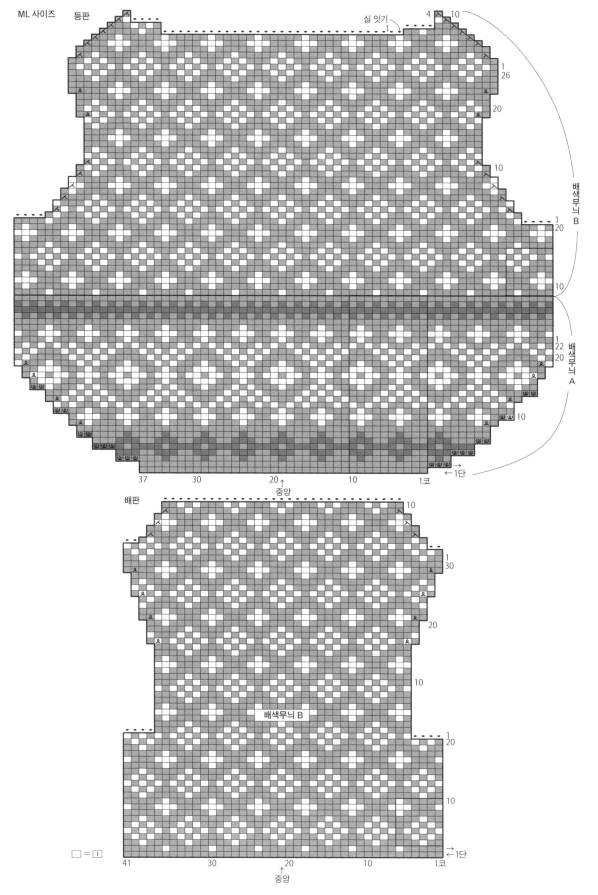

ML 사이즈   등판

실 잇기

배색무늬 B

배색무늬 A

중앙

37   30   20   10   1코
중앙   ←1단

배판

배색무늬 B

41   30   20   10   1코
중앙   ←1단

□ = □

52

배색무늬 A·B,1코 고무뜨기(줄무늬)의
기호도는 p.51 참고

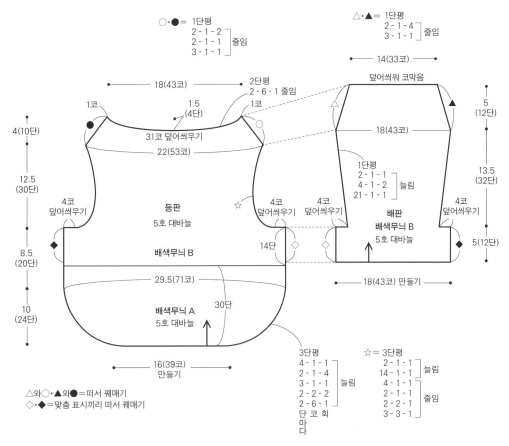

○·●= 1단평
2 - 1 - 2
2 - 1 - 1 │ 줄임
3 - 1 - 1

△·▲= 1단평
2 - 1 - 4
3 - 1 - 1 │ 줄임

14(33코)

덮어씌워 코막음

18(43코)

5
(12단)

18(43코)

2단평
2 - 6 - 1 줄임

1코

1.5
(4단)

1코

4(10단)

31코 덮어씌우기

22(53코)

12.5
(30단)

4코
덮어씌우기

등판
5호 대바늘

배색무늬 B

☆

4코
덮어씌우기

4코
덮어씌우기

1단평
2 - 1 - 1
4 - 1 - 2 │ 늘림
21 - 1 - 1

배판
배색무늬 B
5호 대바늘

4코
덮어씌우기

13.5
(32단)

8.5
(20단)

◆

14단

◇

◇

◆ 5(12단)

10
(24단)

29.5(71코)

30단

배색무늬 A
5호 대바늘

18(43코) 만들기

3단평
4 - 1 - 1
2 - 1 - 4
3 - 1 - 1 │ 늘림
2 - 2 - 2
2 - 6 - 1
단 코 회
마
다

☆= 3단평
2 - 1 - 1
14 - 1 - 1 │ 늘림
4 - 1 - 1
2 - 1 - 1
2 - 2 - 1 │ 줄임
3 - 3 - 1

16(39코)
만들기

△와○·▲와●= 떠서 꿰매기
◇·◆=맞춤 표시끼리 떠서 꿰매기

p.11은 1코 고무뜨기(줄무늬) a
p.12는 1코 고무뜨기(줄무늬) b로 뜬다

목둘레
1코 고무뜨기(줄무늬)
3호 대바늘

1코 고무뜨기 코막음

앞뒤에서
76코 줍기

소맷부리
1코 고무뜨기(줄무늬)
3호 대바늘

3(10단)

2.5
(8단)

앞뒤에서
72코 줍기

1코 고무뜨기 코막음

밑단
1코 고무뜨기(줄무늬)
3호 대바늘

3(10단)

앞뒤에서
144코 줍기

1코 고무뜨기
코막음

53

물병 케이스 P.14

〈 실 〉 다루마 둘시안 울 병태 노란색(106) 70g

〈 도구 〉 코바늘 5/0호

〈 부재료 〉 붕어 고리 35×10㎜ 2개, O링 지름 12㎜ 2개

〈 게이지 〉 무늬뜨기 22코×22단(10×10cm)

〈 사이즈 〉 너비 11㎝, 깊이 16㎝

〈 뜨는 법 〉

실은 1가닥으로 뜹니다.

매직링으로 원형코를 만들어 바닥에서 뜨기 시작합니다. 짧은뜨기로 코를 늘리면서 뜹니다. 이어서 옆면을 무늬뜨기와 짧은뜨기로 증감 없이 뜹니다. 이어서 탭을 6단 뜨고 뜨개 끝의 실 꼬리를 20㎝ 정도 남겨두 자릅니다. 나머지 한쪽 탭은 새 실을 걸어 뜹니다. 끈은 사슬뜨기로 기초코를 만들어 뜨기 시작합니다. 1단의 짧은뜨기는 사슬의 코산을 주워 뜹니다. 짧은뜨기와 무늬뜨기로 뜹니다. 탭에 O링을 끼우고 두 겹으로 접은 다음 남겨둔 실로 옆면 안쪽에 휘 감습니다. 끈의 양 끝에 붕어 고리를 끼우고 두 겹으로 접어 휘감습니다.

※끈 길이는 본인 사이즈에 맞춰 조절하세요.

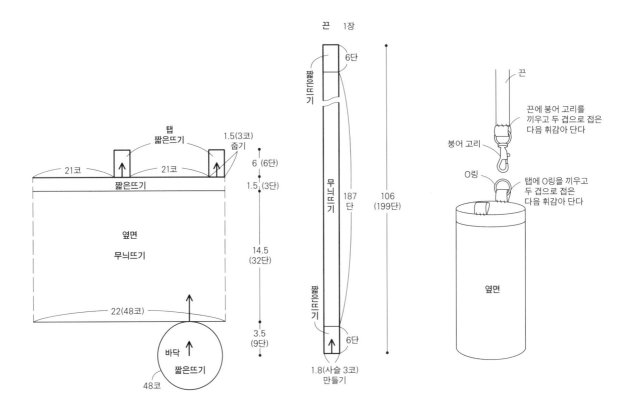

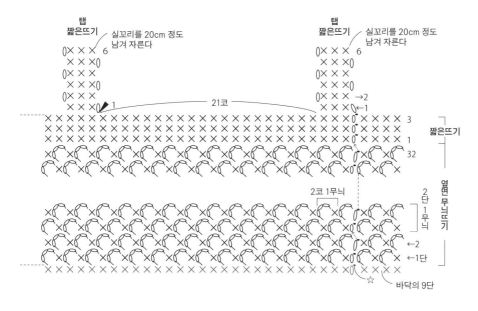

탭
짧은뜨기　실꼬리를 20cm 정도 남겨 자른다

탭
짧은뜨기　실꼬리를 20cm 정도 남겨 자른다

6

→2
←1

21코　3
짧은뜨기
1
32

2코 1무늬

옆면 무늬뜨기

2단 1무늬

←2
←1단
바닥의 9단

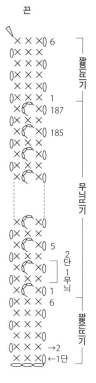

끈

6

짧은뜨기

187
185
무늬뜨기

1

5
2단 1무늬
1
6
→2
←1단
짧은뜨기

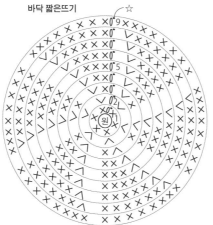

바닥 짧은뜨기

원

=앞단 짧은뜨기의 머리를 주워 실을 걸고 빼낸다. 코바늘 끝으로 사슬 3코를 뜨고 빼낸다

◀ = 실 잇기
◁ = 실 자르기

바닥의 코 늘리는 법

단수	콧수	늘림코
9	48	±0
8	48	+6코
7	42	+6코
6	36	+6코
5	30	+6코
4	24	+6코
3	18	+6코
2	12	+6코
1	6	

뜨는 법　작품은 원형뜨기지만 사진은 평면뜨기입니다

1 앞단 코머리에 화살표와 같이 코바늘을 넣고 실을 걸어 빼냅니다.

2 코바늘에 실을 걸고 코바늘 끝으로 사슬뜨기합니다.

3 사슬뜨기를 1코 떴습니다. 2를 반복해 사슬을 3코 뜹니다.

4 화살표와 같이 빼냅니다.

5 빼낸 모습. 다음 단은 ★코 사슬의 실 2 가닥을 줍습니다.

〈실〉 퍼피 셰틀랜드
사용색 번호는 배색표 참고
a색 62g, b색 16g, c색 8g, d색 6g, e색 4g, f색 4g, g색 3g, h색 2g

〈도구〉 대바늘 5호, 6호, 7호

〈부재료〉 접착심 너비 120cm×50cm, 천연 가죽 손잡이 길이 36cm 1쌍, 스티치용 실

〈게이지〉 배색무늬 23코×25단(10×10cm)
메리야스뜨기 23코×28.5단(10×10cm)

〈사이즈〉 가로 26.5cm, 깊이 22.5cm, 너비 9cm

〈뜨는 법〉
실은 1가닥으로 지정한 배색대로 뜹니다.
앞뒤판은 손가락에 실을 걸어서 기초코를 만들어 뜨기 시작합니다. 배색무늬는 실을 가로로 걸치면서 뜹니다. 이어서 가터뜨기로 뜨고 뜨개 끝은 덮어씌워 코막음합니다. 같은 모양으로 2장 뜹니다.
옆판은 앞뒤판과 같은 요령으로 뜨기 시작해 가터뜨기와 메리야스뜨기로 뜹니다.
각 편물 안면에 접착심을 얹고 다리미로 중앙을 임시 고정합니다. 앞뒤판과 옆판을 떠서 꿰매기로 연결합니다. 접착심을 그림처럼 감칩니다. 접착심을 다리미로 다려 편물 안면에 단단히 붙입니다. 손잡이를 스티치용 실로 앞뒤판에 꿰매 답니다.

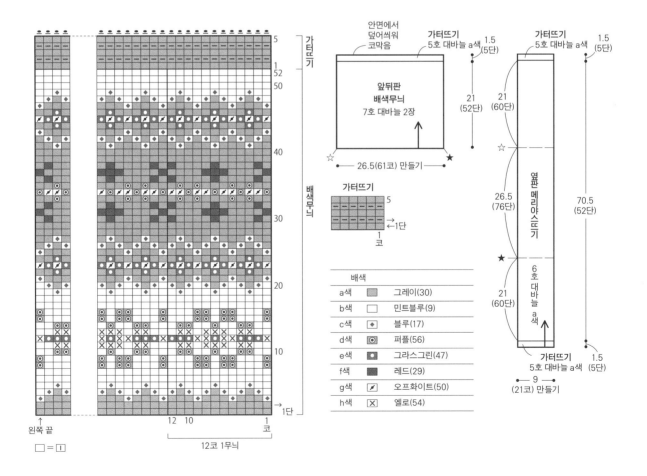

배색		
a색		그레이(30)
b색		민트블루(9)
c색	◆	블루(17)
d색	◉	퍼플(56)
e색	◖	그라스그린(47)
f색		레드(29)
g색	◿	오프화이트(50)
h색	☒	옐로(54)

□ = ①

왼쪽 끝

12코 1무늬

접착심 치수(시접 없이 재단)

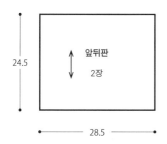

24.5

앞뒤판
2장

28.5

11

옆판

75.5

1. 접착심을 임시 고정한다

다리미 천
접착심
편물

편물 안면에 편물보다 각각 1cm 크게
재단한 접착심을 얹고 다리미로 편물
중앙을 임시 고정한다(둘레 3~4cm는
다리미를 대지 않는다).

—— 접착심
- - - 편물

앞뒤판(2장)

옆판

2. 앞뒤판과 옆판을 떠서 꿰매기로 연결한다

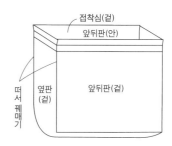

접착심(겉)
앞뒤판(안)

떠서 꿰매기

옆판
(겉)

앞뒤판(겉)

3. 접착심을 앞뒤판 쪽으로
   접어 감친다

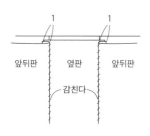

1   1

앞뒤판   옆판   앞뒤판

감친다

4. 입구의 접착심을 감친다

앞뒤판(안)   0.7   감친다

앞뒤판   옆판

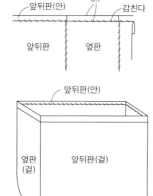

앞뒤판(안)

옆판
(겉)

앞뒤판(겉)

5. 안면에서 다리미로 다려 접착심을
   모든 면에 단단히 붙인다

6. 손잡이를 꿰매 단다

손잡이

12.5   6

스티치용 실(2가닥)로
온박음질해 단다

22.5

앞뒤판(겉)

9

26.5

〈 실 〉 퍼피 셰틀랜드
사용색 번호는 배색표 참고
a색 240g, b색 30g, c색 18g, d색 15g, e ·f색 각 9g, g ·h색 각 5g

〈 도구 〉 대바늘 5호, 6호, 7호

〈 게이지 〉 배색무늬 23코×25단(10×10cm)
메리야스뜨기 23코×28.5단(10×10cm)

〈 사이즈 〉 가슴둘레 95cm, 어깨너비 38cm, 기장 59cm

〈 뜨는 법 〉
실은 1가닥으로 지정한 배색대로 뜹니다.
뒤판은 별도 사슬로 기초코를 만들어 뜨기 시작해 메리야스뜨기로 뜹니다. 진동둘레, 뒤목둘레는 코를 줄이면서 뜨고, 어깨는 남겨 되돌아뜨기로 뜹니다. 뜨개 끝은 쉼코를 합니다. 밑단은 별도 사슬을 풀어 코를 대바늘로 옮겨 1코 고무뜨기로 뜹니다. 뜨개 끝은 1코 고무뜨기 코막음을 합니다.
앞판은 뒤판과 같은 요령으로 뜨기 시작합니다. 배색무늬는 실을 가로로 걸치면서 뜹니다.
어깨는 덮어씌워 잇기, 옆선은 떠서 꿰매기로 연결합니다.
목둘레와 진동둘레는 앞뒤판에서 코를 주워 1코 고무뜨기를 원통으로 뜨고 뜨개 끝은 1코 고무뜨기 코막음을 합니다.

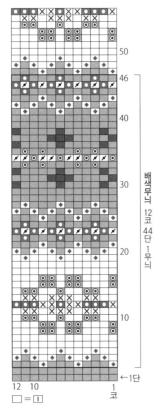

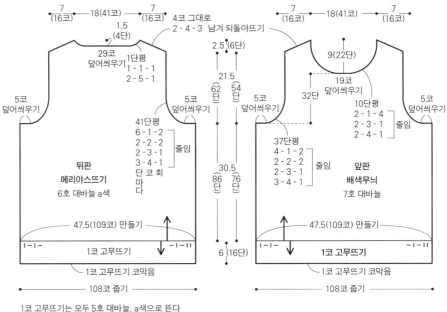

1코 고무뜨기는 모두 5호 대바늘, a색으로 뜬다

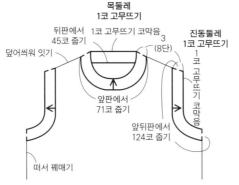

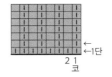

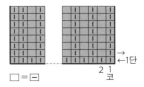

배색		
a색		그레이(30)
b색		민트블루(9)
c색		블루(17)
d색		퍼플(56)
e색		그라스그린(47)
f색		레드(29)
g색		오프화이트(50)
h색		옐로(54)

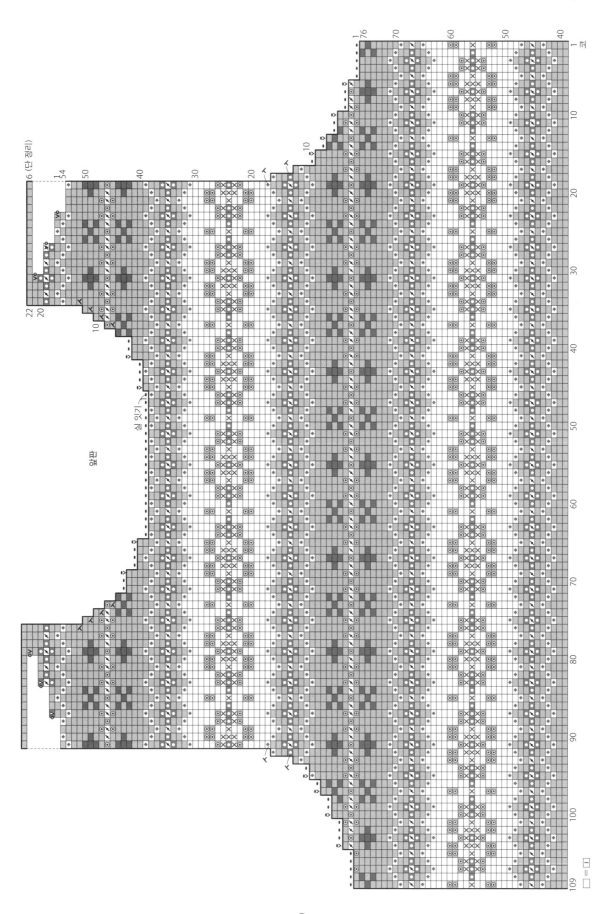

L 페어아일 스웨터 **P.15**

사이즈(단위 ㎝)

	목둘레	몸통둘레	등길이
S	21	34.5	26
SM	25.5	37.5	28
M	29	43	32
모델견 착용	24	40.5	34

모델견 착용=SM의 목둘레를 좁게, 몸통둘레를 넓게, 등길이를 길게 변형
(도안 p.63)

〈실〉　퍼피 셰틀랜드
사용색 번호는 배색표 참고
S – a색 58g, b색 9g, c색 8g, d·e색 각 3g, f·g·h색 각 2g
SM – a색 60g, b색 10g, c색 9g, d·e·f색 각 3g, g·h색 각 2g
M – a색 65g, b색 10g, c색 9g, d·e·f색 각 3g, g·h색 각 2g
모델견 착용 – a색 60g, b·c색 각 10g, d·e·f·g·h색 각 5g

〈도구〉　대바늘 5호, 6호, 7호
〈게이지〉　배색무늬 23코×25단(10×10cm)
　　　　　메리야스뜨기 23코×28.5단(10×10cm)

〈뜨는 법〉

실은 1가닥으로 지정한 배색대로 뜹니다.

등판은 손가락에 실을 걸어서 기초코를 만들어 뜨기 시작합니다. 양 끝에서 코를 늘리면서 뜹니다. 배색무늬는 실을 가로로 걸치면서 뜹니다. 진동둘레, 어깨, 뒤목둘레는 증감코를 하면서 뜹니다. 뜨개 끝의 코에 실꼬리를 통과시켜 정리합니다.

배판은 별도 사슬로 기초코를 만들어 뜨기 시작해 메리야스뜨기로 등판과 같은 요령으로 뜹니다.

옆선과 어깨를 떠서 꿰매기로 연결합니다.

밑단, 목둘레, 소맷부리는 등판과 배판에서 코를 줍습니다(배판은 별도 사슬을 풀어 코를 대바늘로 옮긴다). 목둘레는 등판 중앙에 리드줄용 구멍을 만듭니다. 1코 고무뜨기를 원통으로 뜨고 뜨개 끝은 1코 고무뜨기 코막음을 합니다.

△·▲= S
3단평
4-1-1
2-1-1 줄임
3-1-1

SM
3단평
4-1-1
5-1-1 줄임

M
1단평
4-1-2
3-1-1 줄임

○·●= S
1단평
2-1-2
2-2-1 줄임
3-2-1

SM·M
1단평
2-1-3
3-1-1 줄임

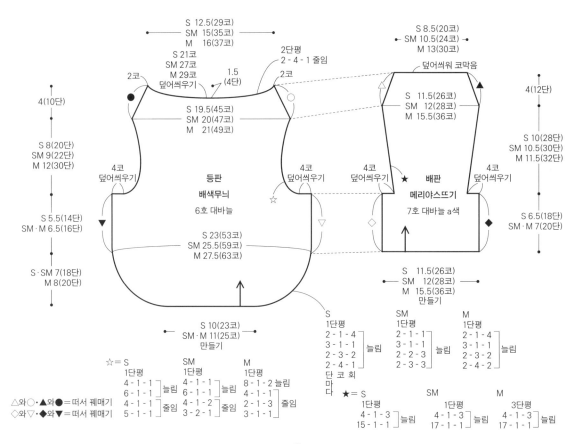

S 12.5(29코)
SM 15(35코)
M 16(37코)

S 21코
SM 27코
M 29코
덮어씌우기

2코

1.5
(4단)

2단평
2-4-1 줄임

2코

S 8.5(20코)
SM 10.5(24코)
M 13(30코)

덮어씌워 코막음

4(10단)

S 8(20단)
SM 9(22단)
M 12(30단)

S 5.5(14단)
SM·M 6.5(16단)

S·SM 7(18단)
M 8(20단)

2코
덮어씌우기

4코
덮어씌우기

S 19.5(45코)
SM 20(47코)
M 21(49코)

등판
배색무늬
6호 대바늘

4코
덮어씌우기

☆

▽

◇

▼

S 23(53코)
SM 25.5(59코)
M 27.5(63코)

S 11.5(26코)
SM 12(28코)
M 15.5(36코)

▲

4(12단)

S 10(28단)
SM 10.5(30단)
M 11.5(32단)

S 6.5(18단)
SM·M 7(20단)

4코
덮어씌우기

★ 배판
메리야스뜨기
7호 대바늘 a색

4코
덮어씌우기

◆

S 11.5(26코)
SM 12(28코)
M 15.5(36코)
만들기

S 10(23코)
SM·M 11(25코)
만들기

S
1단평
2-1-4
3-1-1
3-1-1 늘림
2-4-1

단 코 회
마
다

SM
1단평
2-1-1
3-1-1 늘림
2-3-3

M
1단평
2-1-4
3-1-1
3-1-2 늘림
2-4-2

☆= S
1단평
4-1-1
6-1-1 늘림
4-1-1
5-1-1 줄임

SM
1단평
4-1-1
6-1-1 늘림
4-1-2
3-2-1 줄임

M
1단평
8-1-2 늘림
4-1-1
2-1-3 줄임
3-1-1

★= S
1단평
4-1-3 늘림
15-1-1

SM
1단평
4-1-3 늘림
17-1-1

M
3단평
4-1-3 늘림
17-1-1

△와○·▲와●= 떠서 꿰매기
◇와▽·◆와▼= 떠서 꿰매기

배색무늬

배색

a색		그레이(30)
b색		민트블루(9)
c색	◆	블루(17)
d색	◉	퍼플(56)
e색	◖	그라스그린(47)
f색		레드(29)
g색	◿	오프화이트(50)
h색	✕	옐로(54)

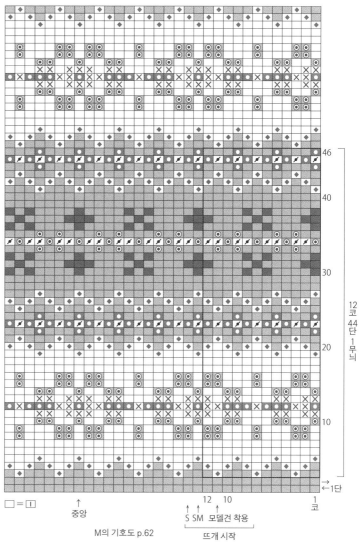

□ = | |

↑ 중앙

M의 기호도 p.62

12코 44단 1무늬

46
40
30
20
10
→1단
←1단

12 10
↑ ↑ ↑
S SM 모델견 착용
뜨개 시작

1코

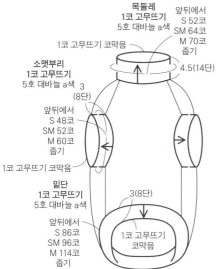

목둘레
1코 고무뜨기
5호 대바늘 a색

앞뒤에서
S 52코
SM 64코
M 70코
줍기

1코 고무뜨기 코막음

4.5(14단)

소맷부리
1코 고무뜨기
5호 대바늘 a색

3
(8단)

앞뒤에서
S 48코
SM 52코
M 60코
줍기

1코 고무뜨기 코막음

밑단
1코 고무뜨기
5호 대바늘 a색

3(8단)

1코 고무뜨기 코막음

앞뒤에서
S 86코
SM 96코
M 114코
줍기

1코 고무뜨기

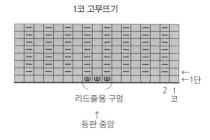

리드줄용 구멍

←1단

2 1
코

↑
등판 중앙

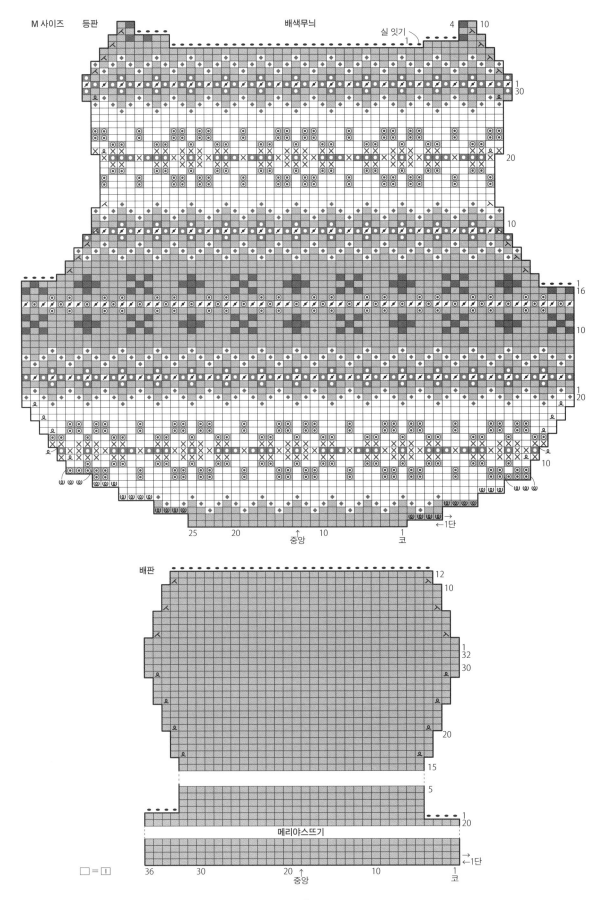

M 사이즈   등판   배색무늬   실 잇기

메리야스뜨기

□ = I

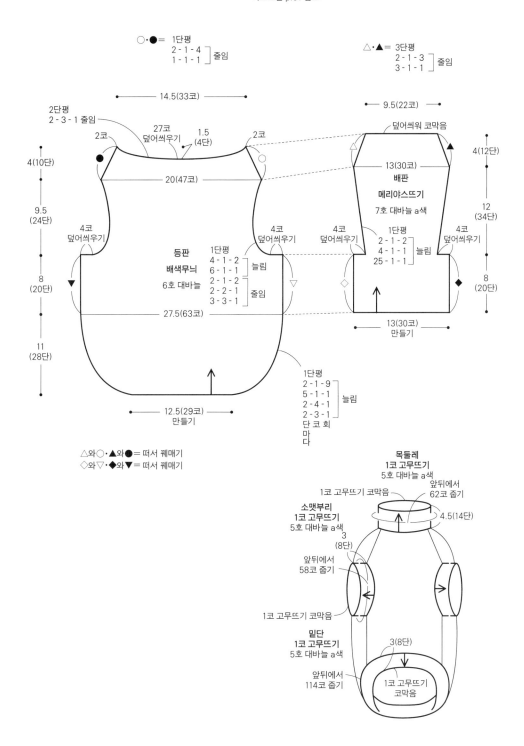

모델견 착용　배색무늬, 1코 고무뜨기의
기호도는 p.61 참고

○·●= 1단평
2 - 1 - 4
1 - 1 - 1] 줄임

△·▲= 3단평
2 - 1 - 3
3 - 1 - 1] 줄임

14.5(33코)

9.5(22코)

2단평
2 - 3 - 1 줄임

27코
덮어씌우기

1.5
(4단)

덮어씌워 코막음

2코

2코

4(10단)

4(12단)

20(47코)

13(30코)

배판
메리야스뜨기
7호 대바늘 a색

12
(34단)

9.5
(24단)

4코
덮어씌우기

4코
덮어씌우기

4코
덮어씌우기

1단평
2 - 1 - 2
4 - 1 - 1
25 - 1 - 1] 늘림

4코
덮어씌우기

등판
배색무늬
6호 대바늘

1단평
4 - 1 - 2
6 - 1 - 1] 늘림
2 - 1 - 2
2 - 2 - 1
3 - 3 - 1] 줄임

8
(20단)

8
(20단)

27.5(63코)

13(30코)
만들기

11
(28단)

1단평
2 - 1 - 9
5 - 1 - 1
2 - 4 - 1
2 - 3 - 1] 늘림
단 코 회
마
다

12.5(29코)
만들기

△와○·▲와●= 떠서 꿰매기
◇와▽·◆와▼= 떠서 꿰매기

목둘레
1코 고무뜨기
5호 대바늘 a색

1코 고무뜨기 코막음

앞뒤에서
62코 줍기

소맷부리
1코 고무뜨기
5호 대바늘 a색

4.5(14단)

3
(8단)

앞뒤에서
58코 줍기

1코 고무뜨기 코막음

밑단
1코 고무뜨기
5호 대바늘 a색

3(8단)

앞뒤에서
114코 줍기

1코 고무뜨기
코막음

M·N 꽈배기무늬 스웨터 p.16-17

〈 실 〉　하마나카 아란 트위드
사용색 번호는 배색표 참고
M – a색 47g, b색 9g, c색 7g
ML – a색 58g, b색 10g, c색 8g
L – a색 69g, b색 12g, c색 10g
p.16 모델견 착용 – a색 68g, b색 12g, c색 10g
p.17 모델견 착용 – a색 82g, b색 15g, c색 12g

〈 도구 〉　대바늘 7호, 8호

〈 게이지 〉　메리야스뜨기 16.5코×22단(10×10cm)
무늬뜨기 8코 1무늬=4cm, 22단=10cm

〈 뜨는 법 〉
실은 1가닥으로 지정한 배색대로 뜹니다.
등판은 7호 대바늘로 손가락에 실을 걸어서 기초코를 만들어 뜨기 시작합니다. 양 끝 4코는 1코 고무뜨기, 중앙은 2코 고무뜨기(줄무늬)로 뜹니다. 8호 대바늘로 바꿔 1단에서 지정 콧수로 늘리고 가장자리 4코는 1코 고무뜨기, 중앙은 무늬뜨기로 뜹니다. 진동둘레, 어깨는 증감코를 하면서 뜹니다. 뜨개 끝은 덮어씌워 코막음합니다.
배판은 등판과 같은 요령으로 뜹니다.
옆선과 어깨를 떠서 꿰매기로 연결합니다.
목둘레, 소맷부리는 등판과 배판에서 코를 주워 2코 고무뜨기(줄무늬)를 원통으로 뜨는데, 등판 중앙은 그림처럼 리드줄용 구멍을 만듭니다. 뜨개 끝은 덮어씌워 코막음합니다.

사이즈(단위 ㎝)

	목둘레	몸통둘레	등길이
M	27	43.5	30.5
ML	29	48.5	34.5
L	34	54	36.5
p.16 모델견 착용	28	43.5	41.5
p.17 모델견 착용	36	58	36.5

p.16 모델견 착용=M의 목둘레를 넓게, 등길이를 길게 변형(도안 p.66)
p.17 모델견 착용=L의 목둘레와 몸통둘레를 넓게 변형(도안 p.66)

○·●= M
1단평
2-1-3 ┐줄임
1-2-1 ┘

ML
1단평
2-2-3 ┐줄임
1-1-1 ┘

L
1단평
2-2-3 ┐줄임
1-2-1 ┘

△·▲= M
1단평
2-1-3 ┐줄임
3-1-1 ┘

ML
3단평
2-1-1 ┐
4-1-1 ┤줄임
1-2-1 ┘

L
3단평
4-1-1 ┐줄임
3-1-1 ┘

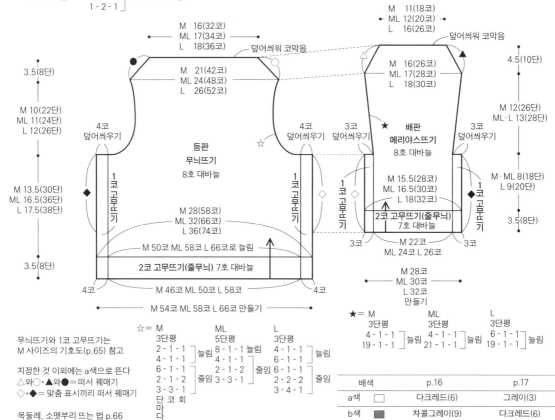

무늬뜨기와 1코 고무뜨기는
M 사이즈의 기호도(p.65) 참고

지정한 것 이외에는 a색으로 뜬다
△와○·▲와●= 떠서 꿰매기
◇·◆= 맞춤 표시끼리 떠서 꿰매기

목둘레, 소맷부리 뜨는 법 p.66

☆= M
3단평
2-1-1 ┐늘림
4-1-1 ┘
6-1-1 ┐
2-1-2 ┤줄임
3-3-1 ┘

ML
5단평
8-1-1 ┐늘림
4-1-1 ┘
2-1-2 ┐줄임
3-3-1 ┘

L
3단평
4-1-1 ┐늘림
6-1-1 ┘
6-1-1 ┐
2-2-2 ┤줄임
3-4-1 ┘
단 코 회
마 다

★= M
3단평
4-1-1 ┐늘림
19-1-1 ┘

ML
3단평
4-1-1 ┐늘림
21-1-1 ┘

L
3단평
6-1-1 ┐늘림
19-1-1 ┘

배색		p.16	p.17
a색	☐	다크레드(6)	그레이(3)
b색	■	차콜그레이(9)	다크레드(6)
c색	▨	아이보리(1)	아이보리(1)

무늬뜨기와 1코 고무뜨기는
M 사이즈의 기호도(p.65) 참고

○·●= M
1단평
2-1-2
2-2-1 } 줄임
1-2-1

N
1단평
2-2-3 } 줄임
1-2-1

△·▲= M
1단평
2-1-3 } 줄임
3-1-1

N
1단평
2-1-2
2-2-1 } 줄임
3-2-1

★= M
1단평
2-1-1
4-1-1 } 늘림
19-1-1

N
1단평
2-1-5
19-1-1 } 늘림

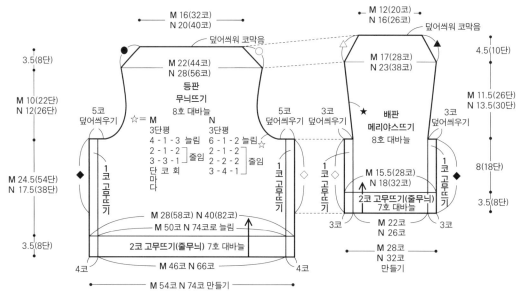

M 16(32코)
N 20(40코)

M 12(20코)
N 16(26코)

3.5(8단)

덮어씌워 코막음

4.5(10단)

M 22(44코)
N 28(56코)

M 17(28코)
N 23(38코)

등판
무늬뜨기
8호 대바늘

배판
메리야스뜨기
8호 대바늘

M 10(22단)
N 12(26단)

M 11.5(26단)
N 13.5(30단)

5코
덮어씌우기

☆= M
3단평
4-1-3 늘림
2-1-2
3-3-1 } 줄임
단 코 회
마
다

N
3단평
6-1-2 늘림
2-1-2
2-2-2 } 줄임
3-4-1

5코
덮어씌우기

3코
덮어씌우기

3코
덮어씌우기

8(18단)

M 24.5(54단)
N 17.5(38단)

◆

1코
고무뜨기

1코
고무뜨기

1코
고무뜨기

M 15.5(28코)
N 18(32코)

1코
고무뜨기

◆

3.5(8단)

M 28(58코) N 40(82코)

M 50코 N 74코로 늘림

2코 고무뜨기(줄무늬) 7호 대바늘

2코 고무뜨기(줄무늬)
7호 대바늘

M 22코
N 26코

3.5(8단)

3코

3코

M 46코 N 66코

M 22코
N 26코

M 28코
N 32코
만들기

4코

4코

M 54코 N 74코 만들기

지정한 것 이외에는 a색으로 뜬다
△와○·▲와●=떠서 꿰매기
◇·◆=맞춤 표시끼리 떠서 꿰매기

앞뒤에서
M 44코
ML 48코
L 52코

목둘레
2코 고무뜨기(줄무늬)
7호 대바늘

p.16 모델견 착용 48코
p.17 모델견 착용 60코
줍기

덮어씌워 코막음

소맷부리
2코 고무뜨기(줄무늬)
7호 대바늘

3.5(8단)

3.5(8단)

앞뒤에서
M 40코 코 덮
ML 44코 음 어
L 48코 씌
워
p.16 모델견 착용 40코
p.17 모델견 착용 52코
줍기

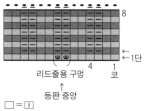

2코 고무뜨기(줄무늬)

8

1단

리드줄용 구멍

4 1
코

등판 중앙

□=│

P 요크의 기호도

배색		
a색	□	블루(5248)
b색	■	브라운(5218)
c색	⊡	아이보리(5207)
d색	▨	그린(5250)

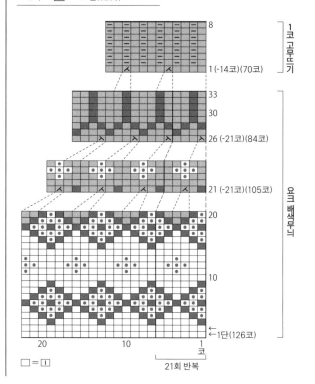

8

1 (-14코)(70코)

1코 고무뜨기

33
30
26 (-21코)(84코)
21 (-21코)(105코)
20

10

1단(126코)

요크 배색무늬

20   10   1
코

21회 반복

□=│

P 로피 스웨터 p.19

사이즈(단위㎝)

	목둘레	몸통둘레	등길이
XL	37	61	60.5

모델견은 XL 착용(기장은 모델견 사이즈로 길게 변형)

〈실〉 퍼피 소프트 도네갈 블루(5248) 135g, 그린(5250) 20g, 브라운(5218) 16g, 아이보리(5207) 14g

〈도구〉 대바늘 7호, 9호, 10호

〈게이지〉 메리야스뜨기 15코×22단(10×10cm)
배색무늬 15코×20단(10×10cm)

〈뜨는 법〉

실은 1가닥으로 지정한 배색대로 뜹니다.

등판은 손가락에 실을 걸어서 기초코를 만들어 뜨기 시작합니다. 그림처럼 메리야스뜨기로 코를 늘리면서 뜹니다. 계속해서 등판과 배판을 이어 원통으로 뜨는데, 배판은 별도 사슬의 기초코에서 코를 줍습니다. 진동둘레는 덮어씌우고, 등판과 배판으로 나눠 각각 6단을 뜹니다. 요크는 배판에서 20코, 기초코에서 25코, 등판에서 56코, 기초코에서 25코를 주워 배색무늬를 원형으로 뜹니다. 배색무늬는 실을 가로로 걸쳐 그림처럼 코를 줄이면서 뜹니다. 이어서 1코 고무뜨기를 뜨고 뜨개 끝은 1코 고무뜨기 코막음을 합니다. 밑단, 소맷부리는 지정 위치에서 코를 주워 1코 고무뜨기를 원통으로 뜹니다. 뜨개 끝은 1코 고무뜨기 코막음을 합니다.

※기장은 메리야스뜨기 단수로 조정하세요.

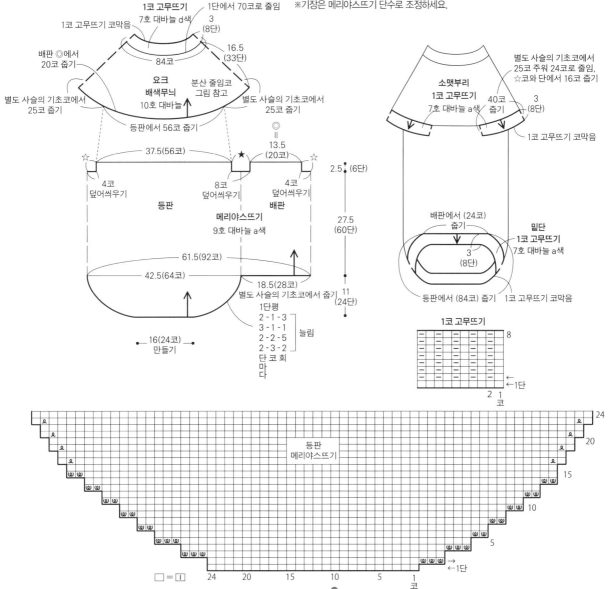

케이프

 **p.18**

사이즈(단위㎝)

	목둘레	몸통둘레	등길이
M	24.5	40.5	29.5
ML	26.5	44.5	33
L	28	50	34.5
XL	31.5	51.5	38.5

모델견은 XL 착용(목둘레는 단추 위치로 조정)

〈**실**〉 하마나카 루나몰 블루그레이(13)
　　　　M－55g **ML**－65g **L**－75g **XL**－85g
〈**도구**〉 대바늘 9호
〈**부재료**〉 단추 지름 1.8cm 3개
〈**게이지**〉 멍석뜨기 15코×24단(10×10cm)
〈**뜨는 법**〉
실은 1가닥으로 뜹니다.
등판은 별도 사슬로 기초코를 만들어 뜨기 시작합니다. 멍석뜨기로 뜨고 진동둘레, 목둘레, 어깨는 그림처럼 코를 줄입니다. 뜨개 끝은 덮어씌워 코막음합니다.
벨트와 어깨끈은 지정 위치에서 코를 주워 멍석뜨기로 뜨는데, 어깨끈(오른쪽)과 벨트는 그림처럼 단춧구멍을 만듭니다. 뜨개 끝은 덮어씌워 코막음합니다. 등판 기초코의 별도 사슬을 풀어 코를 대바늘로 옮기고 덮어씌워 코막음합니다. 단추를 3개 답니다.

□＝ M
　2단평
　2 - 2 - 1 줄임

ML
2단평
2 - 3 - 1 줄임

L
2단평
2 - 4 - 1 줄임

XL
2단평
2 - 5 - 1 줄임

○·●＝ M·ML
1단평
2 - 1 - 3 ⌐
1 - 1 - 1 ⌐ 줄임

L·XL
1단평
2 - 2 - 1
2 - 1 - 2
1 - 1 - 1 ⌐ 줄임

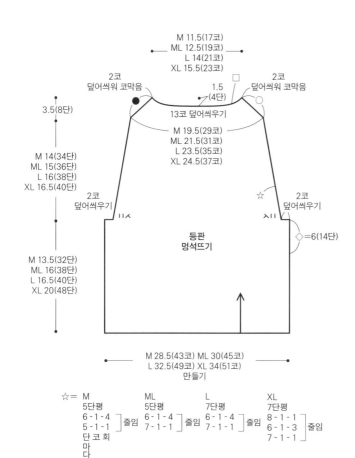

M 11.5(17코)
ML 12.5(19코)
L 14(21코)
XL 15.5(23코)

2코 덮어씌워 코막음 ●　□　1.5(4단)　○ 2코 덮어씌워 코막음

3.5(8단)

13코 덮어씌우기

M 19.5(29코)
ML 21.5(31코)
L 23.5(35코)
XL 24.5(37코)

M 14(34단)
ML 15(36단)
L 16(38단)
XL 16.5(40단)

2코 덮어씌우기 ☆　☆ 2코 덮어씌우기

◇＝6(14단)

M 13.5(32단)
ML 16(38단)
L 16.5(40단)
XL 20(48단)

등판 멍석뜨기

M 28.5(43코) ML 30(45코)
L 32.5(49코) XL 34(51코)
만들기

☆＝ M
5단평
6 - 1 - 4 ⌐
5 - 1 - 1 ⌐ 줄임
단 코 회
마
다

ML
5단평
6 - 1 - 4
7 - 1 - 1 ⌐ 줄임

L
5단평
6 - 1 - 4
7 - 1 - 1 ⌐ 줄임

XL
7단평
8 - 1 - 1 ⌐
6 - 1 - 3
7 - 1 - 1 ⌐ 줄임

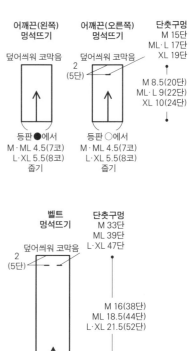

어깨끈(왼쪽) 멍석뜨기
덮어씌워 코막음

어깨끈(오른쪽) 멍석뜨기
덮어씌워 코막음
2(5단)

단춧구멍
M 15단
ML·L 17단
XL 19단

M 8.5(20단)
ML·L 9(22단)
XL 10(24단)

등판 ●에서
M·ML 4.5(7코)
L·XL 5.5(8코)
줍기

등판 ○에서
M·ML 4.5(7코)
L·XL 5.5(8코)
줍기

벨트 멍석뜨기
덮어씌워 코막음
2(5단)

단춧구멍
M 33단
ML 39단
L·XL 47단

M 16(38단)
ML 18.5(44단)
L·XL 21.5(52단)

등판 ◇에서
6(9코) 줍기

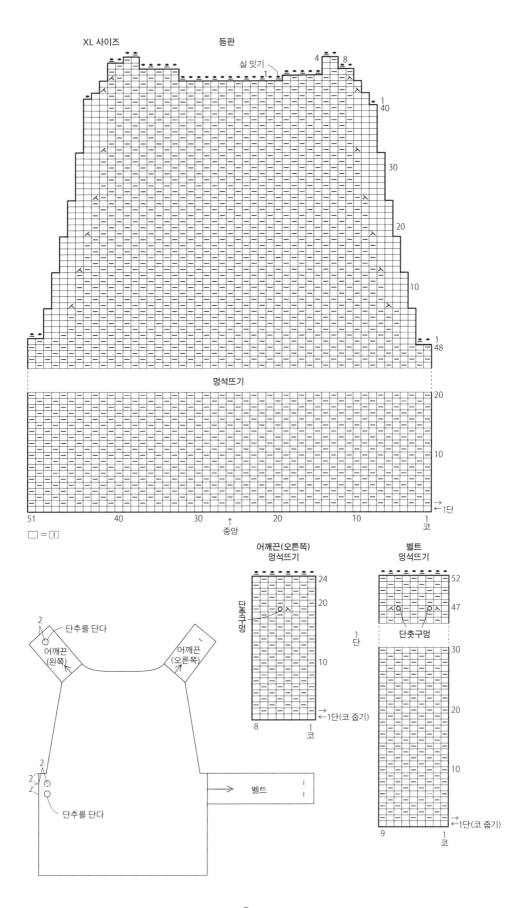

XL 사이즈 등판

실 잇기

멍석뜨기

□ = ①

↑
중앙

코

어깨끈(오른쪽)
멍석뜨기

단춧구멍

←1단(코 줄기)

코

벨트
멍석뜨기

단춧구멍

←1단(코 줄기)

코

2 단추를 단다

어깨끈
(왼쪽)

어깨끈
(오른쪽)

2
2
2

단추를 단다

벨트

아란 스웨터 **p.20**

〈 실 〉 퍼피 소프트 도네갈 아이보리(5207)

M – 84g **ML** – 104g **L** – 125g **모델견 착용** – 123g

〈 도구 〉 대바늘 6호, 8호

〈 게이지 〉 멍석뜨기 15.5코×24단(10×10cm)

무늬뜨기 A 14코=6cm, 24단=10cm

무늬뜨기 B 8코=4cm, 24단=10cm

〈 뜨는 법 〉

실은 1가닥으로 뜹니다.

등판은 별도 사슬로 기초코를 만들어 뜨기 시작합니다. 멍석뜨기와 무늬뜨기 A·B로 코를 늘리면서 뜹니다. 진동둘레, 어깨, 뒤목둘레는 증감코를 하면서 뜹니다. 뜨개 끝의 코에 실꼬리를 통과시켜 정리합니다.

배판은 별도 사슬로 기초코를 만들어 뜨기 시작해 멍석뜨기로 등판과 같은 요령으로 뜹니다. 옆선과 어깨를 떠서 꿰매기로 연결합니다.

밑단, 목둘레, 소맷부리는 등판과 배판에서 코를 주워 1코 고무뜨기를 원통으로 뜹니다(별도 사슬을 풀어 코를 대바늘로 옮긴다). 뜨개 끝은 1코 고무뜨기 코막음을 합니다.

사이즈(단위㎝)

	목둘레	몸통둘레	등길이
M	25.5	41	28
ML	28.5	46	35
L	33	52.5	38.5
모델견 착용	33	55	35

모델견 착용=L의 몸통둘레를 넓게, 등길이를 짧게 변형(도안 p.73)

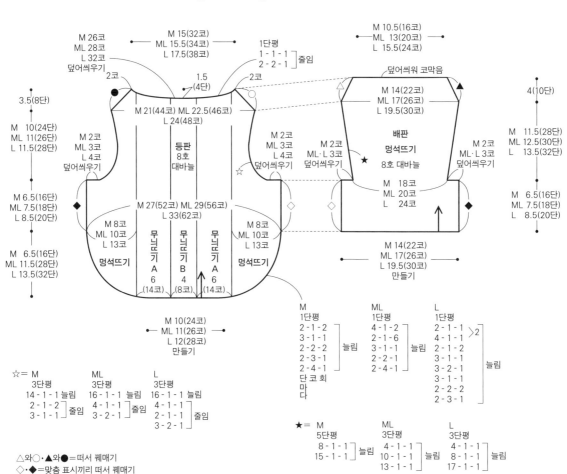

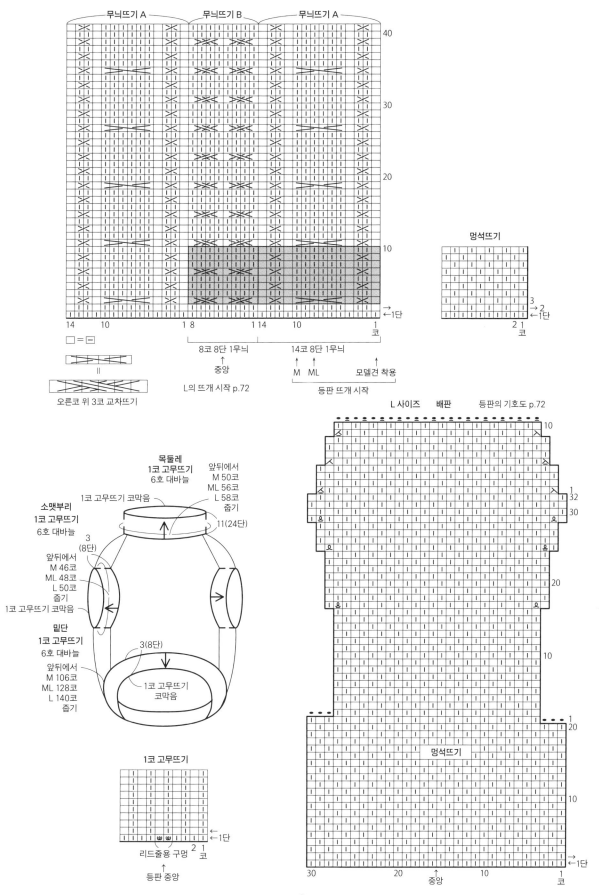

무늬뜨기 A　　무늬뜨기 B　　무늬뜨기 A

멍석뜨기

40

30

20

10

→1단

14　　10　　1 8　1 14　　10　　1
코

□ = □

오른코 위 3코 교차뜨기

8코 8단 1무늬
↑
중앙
L의 뜨개 시작 p.72

14코 8단 1무늬
↑　↑　↑
M　ML　모델견 착용
등판 뜨개 시작

멍석뜨기
3
→2
→1단
2 1
코

목둘레
1코 고무뜨기
6호 대바늘

앞뒤에서
M 50코
ML 56코
L 58코
줄기

1코 고무뜨기 코막음

11(24단)

소맷부리
1코 고무뜨기
6호 대바늘

3
(8단)

앞뒤에서
M 46코
ML 48코
L 50코
줄기
1코 고무뜨기 코막음

밑단
1코 고무뜨기
6호 대바늘

3(8단)

앞뒤에서
M 106코
ML 128코
L 140코
줄기

1코 고무뜨기
코막음

1코 고무뜨기

←1단
리드줄용 구멍　2 1
코
등판 중앙

L 사이즈　　배판　　등판의 기호도 p.72

10

1
32
30

20

10

1
20

멍석뜨기

10

→1단
30　　20　　10　　1
중앙　　코

71

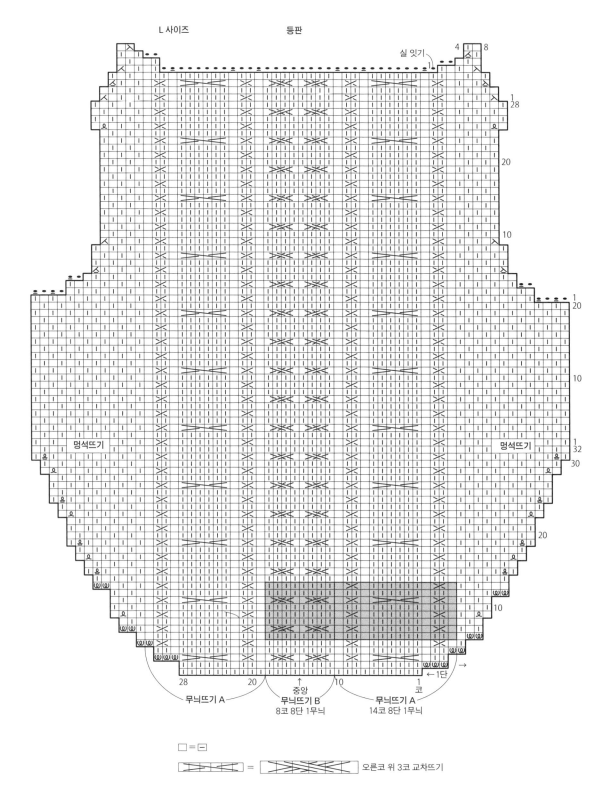

L 사이즈　　　　　　　등판

실 잇기

4　8

1
28

20

10

1
20

10

1
32
30

멍석뜨기　　　　멍석뜨기

10

28　　　　20　　　중앙　　　10　　　1
코

←1단　→

무늬뜨기 A

무늬뜨기 B
8코 8단 1무늬

무늬뜨기 A
14코 8단 1무늬

□ = ⊟

= 오른코 위 3코 교차뜨기

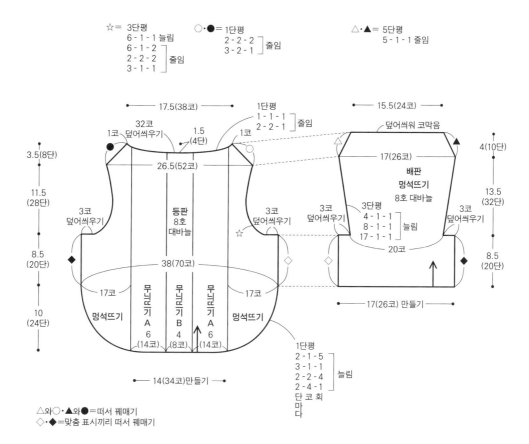

모델견 착용　　　멍석무늬 무늬뜨기 A·B의
　　　　　　　　기호도는 p.71 참고

☆= 3단평
　　6 - 1 - 1 늘림
　　6 - 1 - 2
　　2 - 2 - 2 ⎤ 줄임
　　3 - 1 - 1 ⎦

○·● = 1단평
　　2 - 2 - 2 ⎤ 줄임
　　3 - 2 - 1 ⎦

△·▲ = 5단평
　　5 - 1 - 1 줄임

17.5(38코)

1단평
1 - 1 - 1 ⎤ 줄임
2 - 2 - 1 ⎦

15.5(24코)

32코
1코 덮어씌우기

1.5
(4단)

1코

덮어씌워 코막음

3.5(8단)

26.5(52코)

17(26코)

배판
멍석뜨기
8호 대바늘

4(10단)

11.5
(28단)

3코
덮어씌우기

등판
8호
대바늘

3코
덮어씌우기

3코
덮어씌우기

3단평
4 - 1 - 1
8 - 1 - 1 ⎤ 늘림
17 - 1 - 1 ⎦

3코
덮어씌우기

13.5
(32단)

8.5
(20단)

☆

38(70코)

20코

8.5
(20단)

10
(24단)

17코

멍석뜨기

무
늬
뜨
기
A
6
(14코)

무
늬
뜨
기
B
4
(8코)

무
늬
뜨
기
A
6
(14코)

17코

멍석뜨기

17(26코) 만들기

1단평
2 - 1 - 5
3 - 1 - 1
2 - 2 - 4 ⎤ 늘림
2 - 4 - 1 ⎦
단 코 회
마
다

14(34코)만들기

△와○·▲와●=떠서 꿰매기
◇·◆=맞춤 표시끼리 떠서 꿰매기

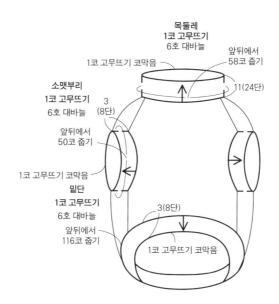

목둘레
1코 고무뜨기
6호 대바늘

1코 고무뜨기 코막음

앞뒤에서
58코 줍기

소맷부리
1코 고무뜨기
6호 대바늘

11(24단)

3
(8단)

앞뒤에서
50코 줍기

1코 고무뜨기 코막음

밑단
1코 고무뜨기
6호 대바늘

3(8단)

앞뒤에서
116코 줍기

1코 고무뜨기 코막음

R 아란 스웨터 p.21

〈 실 〉　퍼피 소프트 도네갈 아이보리(5207) 560g

〈 도구 〉　대바늘 6호, 8호

〈 게이지 〉　멍석뜨기 15.5코×24단(10×10cm)

　　　　　무늬뜨기 A 14코=6cm, 24단=10cm

　　　　　무늬뜨기 B 8코=4cm, 24단=10cm

　　　　　무늬뜨기 C 24코=11cm, 24단=10cm

〈 사이즈 〉　가슴둘레 98cm, 화장 72.5cm, 기장 59.5cm

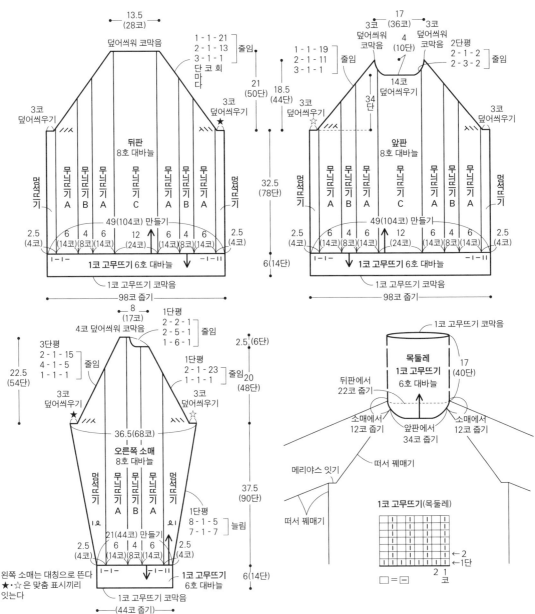

뒤판 (8호 대바늘)

13.5 (28코)

덮어씌워 코막음

1 - 1 - 21
2 - 1 - 13 줄임
3 - 1 - 1
단 코 회 마 다

21 (50단)

3코 덮어씌우기

3코 덮어씌우기 ★

멍석뜨기 / 무늬뜨기 A / 무늬뜨기 B / 무늬뜨기 A / 무늬뜨기 C / 무늬뜨기 A / 무늬뜨기 B / 무늬뜨기 A / 멍석뜨기

32.5 (78단)

49(104코) 만들기

2.5 (4코) / 6 (14코) / 4 (8코) / 6 (14코) / 12 (24코) / 6 (14코) / 4 (8코) / 6 (14코) / 2.5 (4코)

1코 고무뜨기 6호 대바늘

1코 고무뜨기 코막음

6(14단)

98코 줍기

앞판 (8호 대바늘)

17 (36코)

3코 덮어씌워 코막음 / 4 (10단) / 3코 덮어씌워 코막음

1 - 1 - 19
2 - 1 - 11 줄임
3 - 1 - 1

2단평
2 - 1 - 2 줄임
2 - 3 - 2

18.5 (44단)

14코 덮어씌우기

34단

3코 덮어씌우기 ☆

3코 덮어씌우기

멍석뜨기 / 무늬뜨기 A / 무늬뜨기 B / 무늬뜨기 A / 무늬뜨기 C / 무늬뜨기 A / 무늬뜨기 B / 무늬뜨기 A / 멍석뜨기

49(104코) 만들기

2.5 (4코) / 6 (14코) / 4 (8코) / 6 (14코) / 12 (24코) / 6 (14코) / 4 (8코) / 6 (14코) / 2.5 (4코)

1코 고무뜨기 6호 대바늘

1코 고무뜨기 코막음

6(14단)

98코 줍기

오른쪽 소매 (8호 대바늘)

8 (17코)

4코 덮어씌워 코막음

1단평
2 - 2 - 1
2 - 5 - 1 줄임
1 - 6 - 1

3단평
2 - 1 - 15
4 - 1 - 5 줄임
1 - 1 - 1

22.5 (54단)

2.5 (6단)

20 (48단)

1단평
2 - 1 - 23 줄임
1 - 1 - 1

3코 덮어씌우기 ★

3코 덮어씌우기 ☆

36.5(68코)

멍석뜨기 / 무늬뜨기 A / 무늬뜨기 B / 무늬뜨기 A / 멍석뜨기

37.5 (90단)

1단평
8 - 1 - 5 늘림
7 - 1 - 7

21(44코) 만들기

2.5 (4코) / 6 (14코) / 4 (8코) / 6 (14코) / 2.5 (4코)

1코 고무뜨기 6호 대바늘

1코 고무뜨기 코막음

6(14단)

(44코 줍기)

왼쪽 소매는 대칭으로 뜬다
★·☆은 맞춤 표시끼리 잇는다

목둘레 1코 고무뜨기 (6호 대바늘)

1코 고무뜨기 코막음

17 (40단)

뒤판에서 22코 줍기

소매에서 12코 줍기

소매에서 12코 줍기

앞판에서 34코 줍기

메리야스 잇기

떠서 꿰매기

떠서 꿰매기

1코 고무뜨기 (목둘레)

←2
←1단

2 1
코

□ = ⊡

〈 뜨는 법 〉

실은 1가닥으로 뜹니다.

뒤판은 별도 사슬로 기초코를 만들어 뜨기 시작합니다. 멍석뜨기와 무늬뜨기 A·B·C를 배치해 뜹니다. 진동둘레의 줄임코는 2코 이상은 덮어씌우기, 1코는 가장자리 3코 세워 줄이기를 합니다. 뜨개 끝은 덮어씌워 코막음합니다.

앞판은 뒤판과 같은 요령으로 뜨고 앞목둘레는 좌우로 나눠 뜹니다.

소매는 뒤판과 같은 요령으로 뜨기 시작합니다. 소매 밑선의 늘림코는 가장자리 1코 안쪽을 돌려뜨기 늘림코로 뜹니다.

밑단·소맷부리는 별도 사슬을 풀어 코를 대바늘로 옮기고, 앞뒤판은 1단에서 지정 콧수로 줄이면서 1코 고무뜨기로 뜹니다. 뜨개 끝은 1코 고무뜨기 코막음을 합니다.

옆선, 소매 밑선, 래글런선을 떠서 꿰매기로 연결합니다. 맞춤 표시끼리는 메리야스 잇기로 연결합니다.

목둘레는 앞뒤판, 소매에서 코를 주워 1코 고무뜨기를 원통으로 뜨고 뜨개 끝은 1코 고무뜨기 코막음을 합니다.

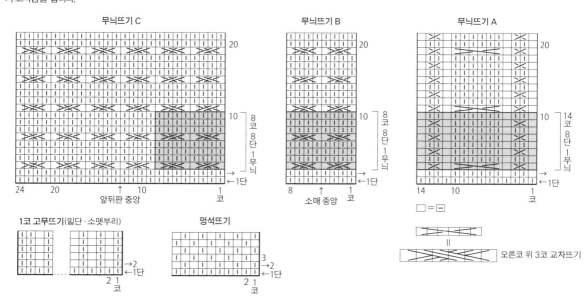

무늬뜨기 C   무늬뜨기 B   무늬뜨기 A

□ = □

‖

오른코 위 3코 교차뜨기

1코 고무뜨기(밑단·소맷부리)   멍석뜨기

윈코 교차뜨기

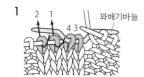

1 1코 건너뛰어 그다음 코에 앞에서 오른바늘을 넣습니다.

2 오른바늘에 실을 걸어 겉뜨기 합니다.

3 건너뛴 코를 겉뜨기합니다.

4 윈바늘에서 2코를 빼냅니다. 윈코 교차뜨기를 완성했습니다.

윈코 위 2코 교차뜨기

1 오른쪽 2코를 꽈배기바늘로 옮기고 뒤에 놓은 다음 1과 2의 코를 겉뜨기 합니다.

2 옮겨둔 2코를 겉뜨기합니다. 콧수가 달라도 같은 요령으로 뜹니다.

오른코 위 2코 교차뜨기

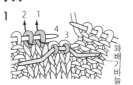

1 오른쪽 2코를 꽈배기바늘로 옮기고 앞에 놓은 다음 1과 2의 코를 겉뜨기 합니다.

2 옮겨둔 2코를 겉뜨기합니다. 콧수가 달라도 같은 요령으로 뜹니다.

S 스목 자수 목줄

S: 너비 15㎜용

M: 너비 18㎜용

L: 너비 35㎜용

〈 실 〉　다루마 둘시안 울 병태
　　　　S – 노란색(106) 8g, 그레이(113) 4g
　　　　M – 민트그린(105) 8g, 그레이(113) 6g
　　　　L – 진핑크(111) 17g, 그레이(113) 9g

〈 도구 〉　대바늘 6호

〈 부재료 〉　목줄 S: 너비 15㎜　M: 너비 18㎜　L: 너비 35㎜

〈 게이지 〉　무늬뜨기(줄무늬) 20코×28단(10×10cm)(스목 자수 전)

〈 사이즈 〉　S · M: 길이 14cm　L: 길이 20cm

〈 뜨는 법 〉

실은 1가닥으로 지정한 배색대로 뜹니다.

손가락에 실을 걸어서 기초코를 만들어 뜨기 시작합니다. 무늬뜨기(줄무늬)로 뜨고 뜨개 끝은 덮어씌워 코막음합니다. 지정 위치에 스목 자수와 자수를 놓습니다. 뜨개 시작과 끝부분을 안 끼리 맞대고 휘감아 연결합니다. 목줄에 끼웁니다.

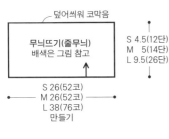

덮어씌워 코막음

무늬뜨기(줄무늬)
배색은 그림 참고

S 4.5(12단)
M 5(14단)
L 9.5(26단)

S 26(52코)
M 26(52코)
L 38(76코)
만들기

휘감아 연결한다
겉
S · M 14
L 20

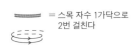
= 스목 자수 1가닥으로 2번 걸친다

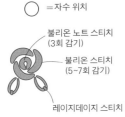
◯ =자수 위치
불리온 노트 스티치
(3회 감기)
불리온 스티치
(5~7회 감기)
레이지데이지 스티치

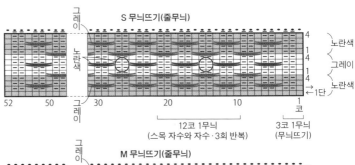

S 무늬뜨기(줄무늬)

그레이 / 노란색 / 그레이

4　노란색
1
4　그레이
1
4　노란색
←1단

52　50　30　20　10　1코

12코 1무늬
(스목 자수와 자수 · 3회 반복)

3코 1무늬
(무늬뜨기)

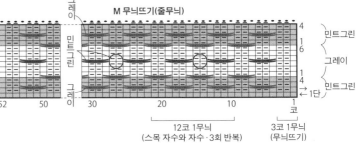

M 무늬뜨기(줄무늬)

그레이 / 민트그린 / 그레이

4　민트그린
1
6　그레이
1
4　민트그린
←1단

52　50　30　20　10　1코

12코 1무늬
(스목 자수와 자수 · 3회 반복)

3코 1무늬
(무늬뜨기)

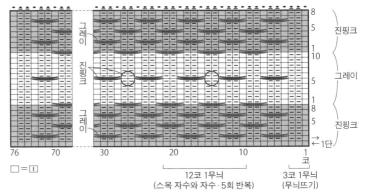

L 무늬뜨기(줄무늬)

그레이 / 진핑크 / 그레이

8　진핑크
5
1
10　그레이
5
1
8　진핑크
5
←1단

76　70　30　20　10　1코

□=▮

12코 1무늬
(스목 자수와 자수 · 5회 반복)

3코 1무늬
(무늬뜨기)

불리온 노트 스티치

불리온 스티치

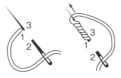

레이지데이지 스티치

〈 실 〉 하마나카 드리나 그레이(40) 35g
〈 도구 〉 코바늘 6/0호, 5/0호
〈 부재료 〉 플라스틱 부자재(YKK 그레이) 버클 25㎜ 1쌍, 길이 조절 고리 25㎜ 1개
〈 게이지 〉 짧은뜨기 14.5코×14.5단(10×10cm)
〈 사이즈 〉 그림 참고
〈 뜨는 법 〉

실은 본체는 1가닥으로, 벨트는 가른 실(1가닥 뽑기)로 뜹니다.
본체는 사슬뜨기로 기초코를 만들어 뜨기 시작합니다. 1단의 짧은뜨기는 사슬 반 코와 코산을 줍습니다. 그림처럼 코를 줄이면서 뜹니다. 벨트는 새 실을 걸어 기초코의 반 코를 주워 짧은뜨기로 뜹니다. 벨트에 버클과 길이 조절 고리를 끼운 다음 가른 실로 휘감습니다.

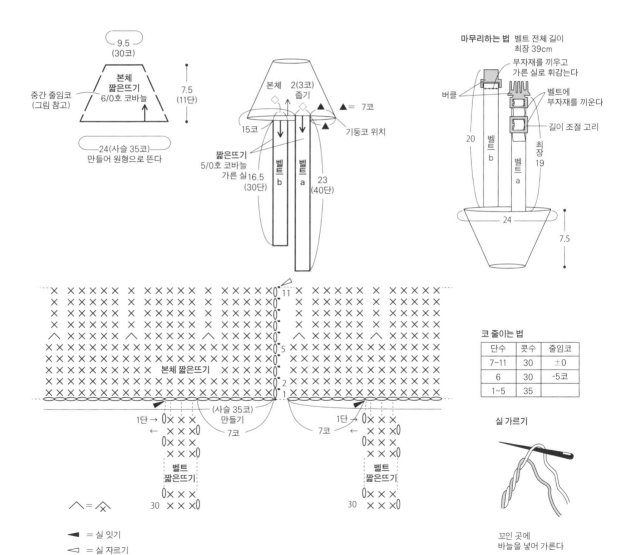

코 줄이는 법

단수	콧수	줄임코
7~11	30	±0
6	30	-5코
1~5	35	

실 가르기

꼬인 곳에
바늘을 넣어 가른다

◄ = 실 잇기
◁ = 실 자르기

크로셰 하우스 **p.24**

〈실〉 퍼피 프린세스 애니

파우더베이지(521) 125g, 잿빛 보라색(522)·오페라핑크(544) 각 18g, 라임그린(536)·
물색(557) 각 15g, 핑크(526) 14g, 민트그린(553) 13g, 실버그레이(546)·파란색(559) 각
10g, 핑크베이지(508)·모카(529)·옐로(551) 각 8g, 자남색(556) 5g, 오렌지(554) 1g

〈도구〉 코바늘 5/0호, 7/0호

〈부재료〉 공작용 와이어 너비 3.2㎜×3.5m, 안전 캡(3.2㎜ 너비용) 4개

〈모티프 크기〉 A~F·H 10×10cm, 바닥 35×35cm

〈사이즈〉 너비 35cm, 안길이 35cm, 높이 34cm

〈뜨는 법〉

실은 끈은 2가닥, 끈 외에는 1가닥으로 지정한 배색대로 뜹니다.

옆면의 모티프 A~I는 매직링으로 원형코를 만들어 뜨기 시작합니다. 사슬뜨기에서 줍는 한길 긴뜨기는
다발로 주워 뜹니다. 모티프 J~L은 사슬뜨기로 기초코를 만들어 뜨기 시작합니다. 1단은 사슬 반 코와
코산을 주워 뜹니다. 반대쪽은 사슬 반 코를 줍습니다. 바닥은 모티프 A와 같은 요령으로 뜨고 모서리에
서 코를 늘리면서 18단을 뜹니다. 입구는 사슬뜨기로 기초코를 만들고 1단은 모티프 J와 같은 요령으로
코를 주워 그림처럼 코를 늘리면서 뜹니다. 모티프 A~J를 연결해 옆면을 3장 만듭니다.

와이어를 그림처럼 조립하고 와이어 끝에 안전 캡을 씌웁니다. 안전 커버를 4장 뜨고 그림처럼 바닥 모서
리의 와이어를 감쌉니다.

옆면 3장과 바닥을 휘감아 연결합니다 입구와 옆면을 연결할 때는 와이어를 같이 휘감아서 고정합니다.
와이어와 옆면을 1변당 2~3곳을 휘감아 편물과 와이어를 단단히 고정합니다. 끈을 스레드 코드로 뜨고
꼭대기에 답니다.

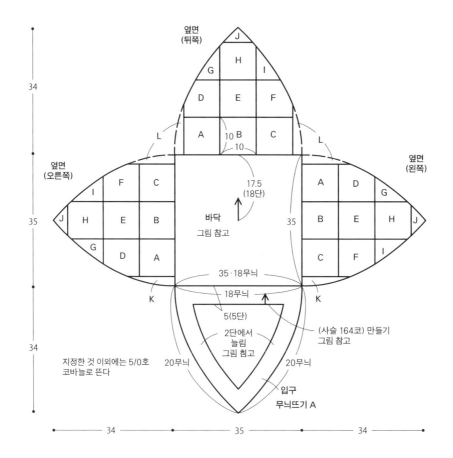

78

A·B·C·E 각 3장

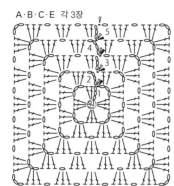

A	
5단	파우더베이지
4단	오페라핑크
3단	실버그레이
2단	잿빛 보라색
1단	오렌지

B	
5단	파우더베이지
4단	민트그린
3단	파우더핑크
2단	오페라핑크
1단	라임그린

C	
5단	파우더베이지
4단	옐로
3단	오페라핑크
2단	물색
1단	파우더베이지

E	
5단	파우더베이지
4단	핑크
3단	잿빛 보라색
2단	실버그레이
1단	모카

H 3장

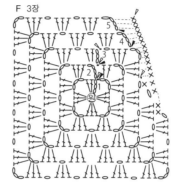

D 3장

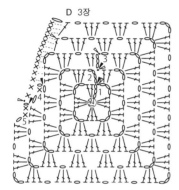

D	
5단	파우더베이지
4단	파란색
3단	파우더베이지
2단	라임그린
1단	핑크베이지

F 3장

F	
5단	파우더베이지
4단	물색
3단	파란색
2단	잿빛 보라색
1단	핑크

H	
5단	파우더베이지
4단	자남색
3단	민트그린
2단	실버그레이
1단	파란색

G 3장

(사슬 6코) 만들고 첫 코에 빼뜨기해 원형으로 만든다

I 3장

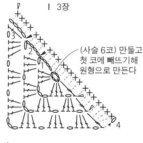

(사슬 6코) 만들고 첫 코에 빼뜨기해 원형으로 만든다

J 3장

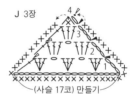

(사슬 17코) 만들기

J	
4단	파우더베이지
3단	물색
2단	파우더베이지
1단	라임그린

G	
3·4단	파우더베이지
2단	핑크베이지
1단	라임그린

I	
3·4단	파우더베이지
2단	모카
1단	핑크베이지

K 2장 파우더베이지

실 걸치기

(사슬 31코) 만들기

L 2장 파우더베이지

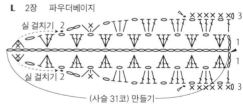

실 걸치기

실 걸치기

(사슬 31코) 만들기

✕╱ =짧은 3코 늘려뜨기　◀ =실 잇기
╱✕╲ =짧은 3코 모아뜨기　◁ =실 자르기

바닥

바닥

9단	옐로		18단	파우더베이지
8단	파우더베이지		17단	핑크
7단	파란색		16단	파우더베이지
6단	파우더베이지		15단	민트그린
5단	잿빛 보라색		14단	파우더베이지
4단	파우더베이지		13단	오페라핑크
3단	물색		12단	파우더베이지
2단	파우더베이지		11단	모카
1단	라임그린		10단	파우더베이지

아래쪽이 붙어 있는 경우
앞단 1코에 모든 코를 뜬다. 앞단이 사슬뜨기일 때는 사슬 반 코와 코산을 주워 뜬다.

아래쪽이 떨어져 있는 경우
앞단이 사슬뜨기일 때, 일반적으로는 사슬뜨기를 전부 주워 뜬다. '다발로 줍는다'고 한다.

옆면 연결하는 법

←→ 바깥쪽 반 코를 주워 휘감아 잇기

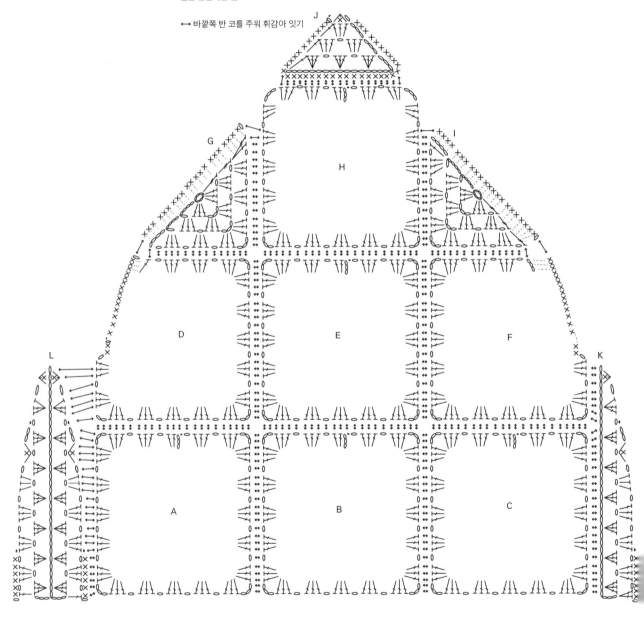

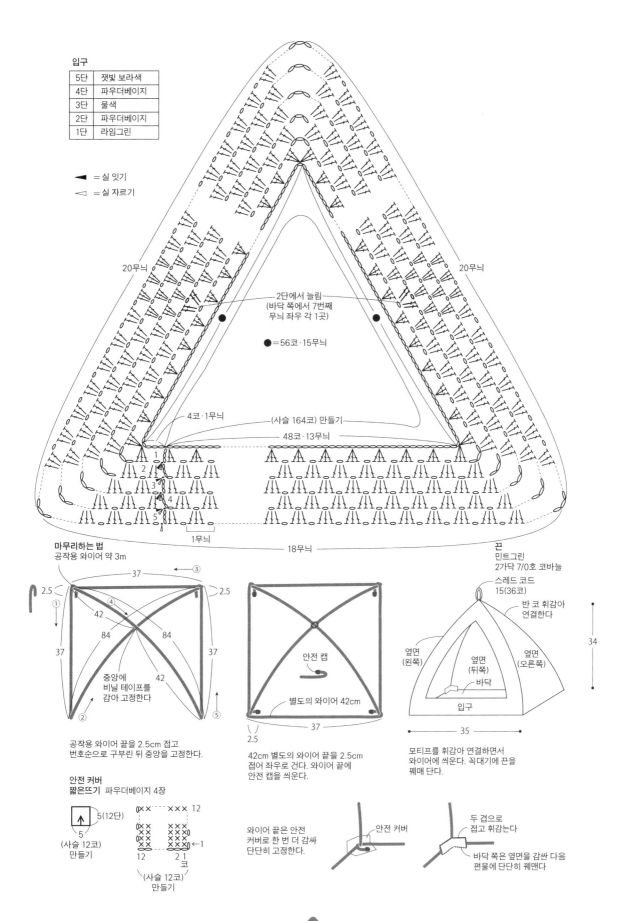

입구

5단	잿빛 보라색
4단	파우더베이지
3단	물색
2단	파우더베이지
1단	라임그린

◀ = 실 잇기
◁ = 실 자르기

20무늬

20무늬

2단에서 늘림
(바닥 쪽에서 7번째
무늬 좌우 각 1곳)

●=56코·15무늬

4코·1무늬

(사슬 164코) 만들기

48코·13무늬

1무늬

18무늬

마무리하는 법
공작용 와이어 약 3m

중앙에
비닐 테이프를
감아 고정한다

공작용 와이어 끝을 2.5cm 접고
번호순으로 구부린 뒤 중앙을 고정한다.

안전 캡

별도의 와이어 42cm

42cm 별도의 와이어 끝을 2.5cm
접어 좌우로 건다. 와이어 끝에
안전 캡을 씌운다.

끈
민트그린
2가닥 7/0호 코바늘
스레드 코드
15(36코)

반 코 휘감아
연결한다

옆면
(왼쪽)

옆면
(뒤쪽)

옆면
(오른쪽)

바닥

입구

모티프를 휘감아 연결하면서
와이어에 씌운다. 꼭대기에 끈을
꿰매 단다.

안전 커버
짧은뜨기 파우더베이지 4장

5(12단)

(사슬 12코)
만들기

(사슬 12코)
만들기

와이어 끝은 안전
커버로 한 번 더 감싸
단단히 고정한다.

안전 커버

두 겹으로
접고 휘감는다

바닥 쪽은 옆면을 감싼 다음
편물에 단단히 꿰맨다.

펫 매트

〈 실 〉 하마나카 소노모노 후왓토 그레이(134) 1100g

〈 도구 〉 대바늘 8mm, 7mm

〈 게이지 〉 가터뜨기 12코×22단(10×10cm)
무늬뜨기 A 9코=6.5cm, 17.5단=10cm
무늬뜨기 B 28코=18cm, 17.5단=10cm
무늬뜨기 C 10코=7cm, 17.5단=10cm

〈 사이즈 〉 79.5×120.5cm

〈 뜨는 법 〉

실은 1가닥으로 뜹니다.

7mm 대바늘로 손가락에 실을 걸어서 기초코를 만들어 뜨기 시작해 가터뜨기로 10단을 뜹니다. 8mm 대바늘로 바꿔 그림처럼 1단에서 코를 늘리면서 가터뜨기와 무늬뜨기 A~C로 증감 없이 뜹니다. 7mm 대바늘로 바꿔 가터뜨기 1단에서 코를 줄이면서 9단을 뜹니다. 뜨개 끝은 안면에서 덮어씌워 코막음합니다.

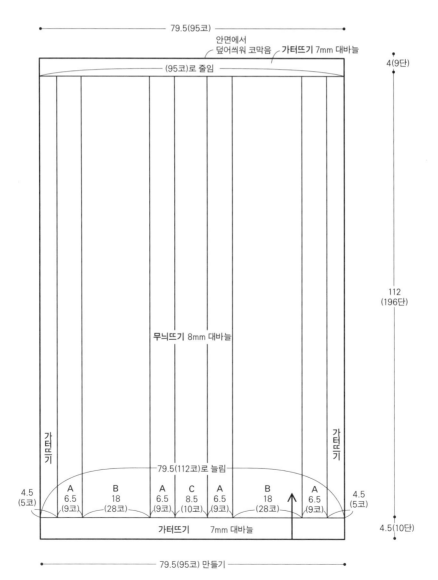

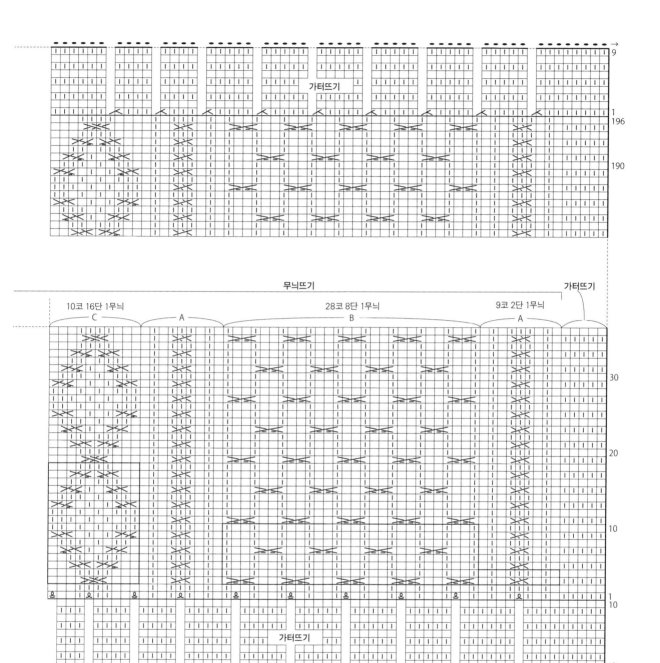

가터뜨기

무늬뜨기

10코 16단 1무늬   28코 8단 1무늬   9코 2단 1무늬   가터뜨기

C   A   B   A

가터뜨기

50   40   30   20   10   2 1 코

↑ 중앙

$\square$ = $\boxed{-}$

= 원코 교차뜨기(사이에 안뜨기 2코)

4 3 2 1

1의 코와 2·3의 코를 각각 꽈배기바늘로 옮기고 편물 뒤에 놓는다.
4의 코를 겉뜨기한다. 1의 코 뒤에 옮겨둔 2·3의 코를 안뜨기한다.
1의 코를 겉뜨기한다.

카페 매트&슬리핑 백

p.28

〈 실 〉　하마나카 소노모노 후왓토 그레이(134) 640g

〈 도구 〉　대바늘 8mm, 7mm

〈 게이지 〉　가터뜨기 12코×22단(10×10cm)

　　　　　무늬뜨기 A 9코=6.5cm, 17.5단=10cm

　　　　　무늬뜨기 B 10코=8.5cm, 17.5단=10cm

　　　　　무늬뜨기 C 10코=7cm, 17.5단=10cm

〈 사이즈 〉　너비 52cm, 길이 62cm

〈 뜨는 법 〉

실은 1가닥으로 뜹니다.

7mm 대바늘로 손가락에 실을 걸어서 기초코를 만들어 뜨기 시작해 가터뜨기로 10단을 뜹니다. 8mm 대바늘로 바꿔 그림처럼 1단에서 코를 늘리면서 안메리야스뜨기와 무늬뜨기 A~C를 배치해 증감 없이 뜹니다. 7mm 대바늘로 바꿔 가터뜨기 1단에서 코를 줄이면서 10단을 뜹니다. 양 끝에서 코를 줄이면서 22단을 더 뜹니다. 뜨개 끝은 덮어씌워 코막음합니다. 안끼리 맞대어 두 겹으로 접고, 맞춤 표시끼리 맞대어 양 끝을 떠서 꿰매기를 합니다.

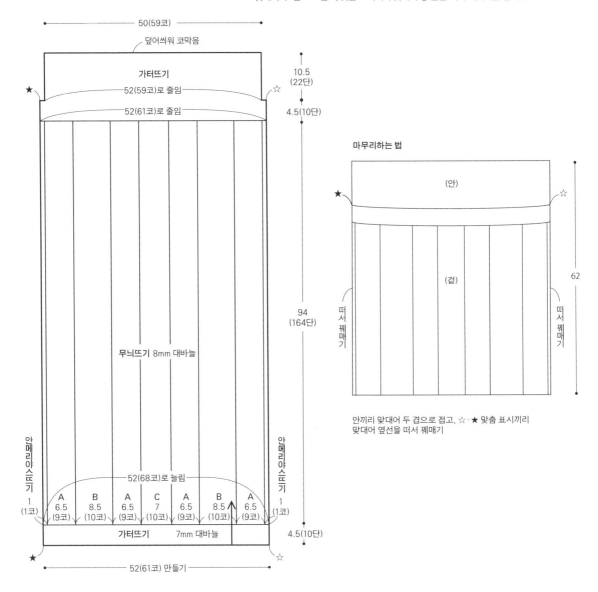

안끼리 맞대어 두 겹으로 접고, ☆·★ 맞춤 표시끼리
맞대어 옆선을 떠서 꿰매기

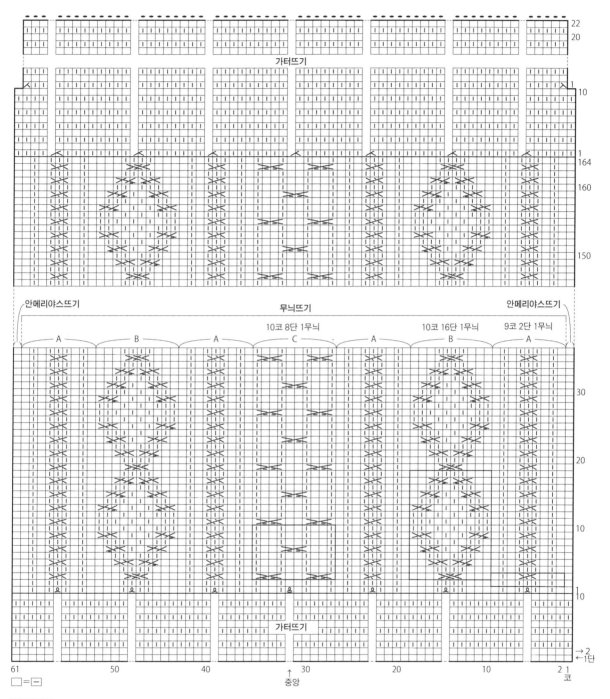

가터뜨기

안메리야스뜨기   무늬뜨기   안메리야스뜨기

10코 8단 1무늬   10코 16단 1무늬   9코 2단 1무늬

A   B   A   C   A   B   A

가터뜨기

□ = ─

= 왼코 교차뜨기(사이에 안뜨기 2코)
4 3 2 1
1의 코와 2·3의 코를 각각 꽈배기바늘로 옮기고 편물 뒤에 놓는다.
4의 코를 겉뜨기한다. 1의 코 뒤에 옮겨둔 2·3의 코를 안뜨기한다.
1의 코를 겉뜨기한다.

Z 슬링백 😺😺 p.29

〈 **실** 〉 퍼피 브리티시 에로이카 블루그레이(178) 340g

〈 **도구** 〉 코바늘 8/0호

〈 **부재료** 〉 붕어 고리 너비 12㎜ 1개

〈 **게이지** 〉 무늬뜨기 18코×20단(10×10cm)

〈 **사이즈** 〉 가로 37cm, 깊이 28cm

〈 **뜨는 법** 〉

실은 1가닥으로 뜹니다.

사슬뜨기로 기초코를 만들어 뜨기 시작합니다. 뒤판은 양 끝에서 그림처럼 코를 늘리면서 뜹니다. 이어서 오른쪽 끈을 뜨는데, 그림처럼 코를 줄이면서 뜹니다. 앞판은 뒤판과 같은 요령으로 뜹니다. 나머지 한쪽 끈은 새 실을 걸어 뜹니다. 편물 안면을 겉면으로 사용하기 위해 앞뒤판을 겉끼리 맞대고 가장자리 1코 안쪽을 떠서 꿰매기로 트임 끝까지 연결합니다. 바닥은 1코씩 뜹니다. 앞뒤판 끈의 맞춤 표시끼리 휘감아 연결합니다. 입구와 끈 테두리에 짧은뜨기를 1단 뜹니다. 스트랩을 뜨고 붕어 고리를 끼운 다음 옆면 안쪽에 꿰매 답니다.

※스트랩은 강아지 목줄에 달아서 사용합니다.

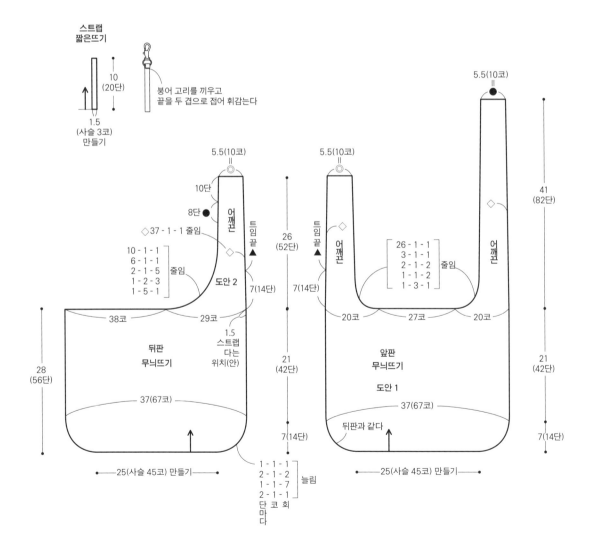

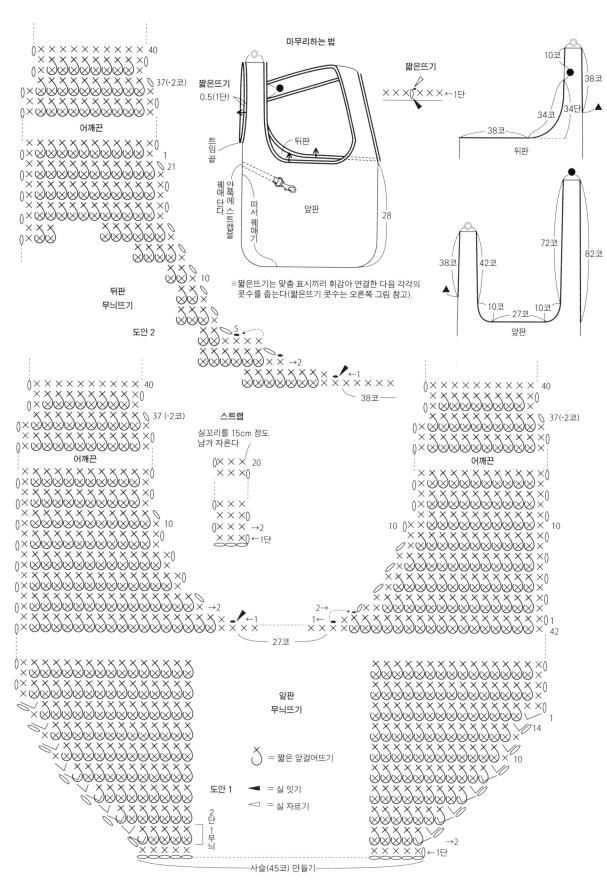

마무리하는 법

짧은뜨기
0.5(1단)

틈임끝

꿰매단다

안쪽에 스트랩을

떠서 꿰매기

뒤판

앞판

28

짧은뜨기
×××0×××← 1단

10코
38코
34
34단
38코
뒤판

38코 42코 72코 82코
38코
10코 27코 10코
앞판

※짧은뜨기는 맞춤 표시끼리 휘감아 연결한 다음 각각의
콧수를 줍는다(짧은뜨기 콧수는 오른쪽 그림 참고).

어깨끈
40
37(-2코)
1
21

뒤판
무늬뜨기
도안 2
5
→2
←1
38코

스트랩
실꼬리를 15cm 정도
남겨 자른다
20
→2
←1단

어깨끈
40
37 (-2코)
10

어깨끈
40
37 (-2코)
10
10

→2
←1
2→
1←
27코
42
1

앞판
무늬뜨기

○ = 짧은 앞걸어뜨기
도안 1 ◀ = 실 잇기
◁ = 실 자르기

2
단
1
무
늬

14
10

→2
←1단

사슬(45코) 만들기

※편물 안면을 겉면으로 사용하기 위해 기호도는 안면에서 본 상태를 나타냅니다.

타원형 침대

p.27

〈 실 〉 하마나카 점보니 블루(34) 512g(안에 채우는 실 포함)
〈 도구 〉 코바늘 8mm
〈 게이지 〉 짧은뜨기 8코×8.5단(10×10cm)
〈 사이즈 〉 50×39cm
〈 뜨는 법 〉
실은 1가닥으로 뜹니다.
사슬뜨기로 기초코를 만들어 바닥에서 뜨기 시작합니다. 1단의 짧은뜨기는 사슬 반 코와 코산을 줍습니다. 반대쪽은 사슬 반 코를 줍습니다. 그림처럼 코를 늘리면서 뜹니다. 이어서 옆면을 뜨는데, 바닥을 뒤집어 안면을 보면서 뜹니다. 1단은 앞단 짧은뜨기의 앞쪽 반 코를 주워 뜹니다. 2단에서 짧은뜨기를 증감 없이 12단까지 뜹니다. 옆면을 안끼리 맞대어 접고 1단에서 남긴 반 코를 주워 빼뜨기합니다. 뜨는 도중에 옆면 안에 실을 채우면서 한 바퀴 뜹니다.

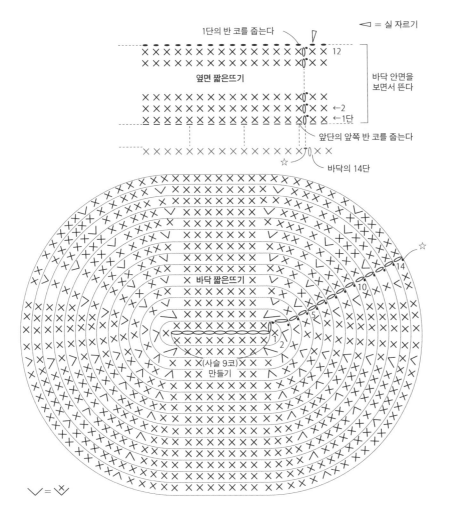

바닥의 코 늘리는 법

단수	콧수	늘림코
14	98	+6코
13	92	+6코
12	86	+6코
11	80	+6코
10	74	+6코
9	68	+6코
8	62	+6코
7	56	+6코
6	50	+6코
5	44	+6코
4	38	+6코
3	32	+6코
2	26	+6코
1	20	

●────────── 122(98코) ──────────●

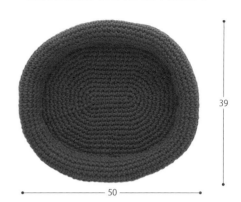

마무리하는 법

옆면을 안끼리 맞대어 접고
1단의 반 코를 주워 빼뜨기로 잇기를 한다.
도중에 안에 털실을 채우면서 한 바퀴 떠서 연결한다.

옆면 짧은뜨기

바닥 안면을 보면서 뜬다

14
(12단)

16.5(14단)

11(사슬 9코)
만들기

바닥
짧은뜨기

분산 늘림코
(그림 참고)

33

●── 44 ──●

●── 50 ──●

39

U 강아지 장난감   p.25

〈실〉　하마나카 드리나(안에 채우는 실 포함)
　　　① 터쿼이즈(4), 핑크(52) 각 8g
　　　② 오렌지(7), 삭스(56) 각 8g
　　　③ 그린(10), 올리브(26) 각 8g
〈도구〉　코바늘 6/0호
〈부재료〉　삑삑이 공 지름 5cm 각 1개
〈사이즈〉　지름 6cm
〈뜨는 법〉
실은 1가닥으로 뜹니다.
매직링으로 원형코를 만들어 뜨기 시작합니다. 짧은뜨기로 코를 늘리면서 6단을 뜹니다. 지정한 배색대로 각 1장을 뜹니다. 어느 한쪽의 실꼬리를 40cm 정도 남겨둡니다. 안에 공을 넣고 마지막 단의 코를 떠서 휘감아 연결합니다.

배색

	①	②	③
a색	터쿼이즈	오렌지	그린
b색	핑크	삭스	올리브

a색·b색 각 1장

1장은 실을 자른다.
다른 1장은 실꼬리를 40cm 정도 남긴다

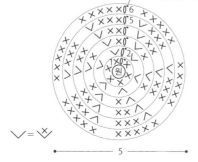

∨ = ⋎

●── 5 ──●

코 늘리는 법

단수	콧수	늘림코
6	30	±0
5	30	+6코
4	24	+6코
3	18	+6코
2	12	+6코
1	6	

마무리하는 법

a색

b색

6

지름 5cm의 삑삑이 공을 넣고,
남겨둔 실로 2장을 휘감아 연결한다

강아지 장난감 p.25

〈실〉　하마나카 드리나(안에 채우는 실 포함)
　　　① 터쿼이즈(4) 46g, 핑크(52) 7g
　　　② 오렌지(7) 46g, 삭스(56) 7g
　　　③ 그린(10) 46g, 올리브(26) 각 7g
〈도구〉　코바늘 6/0호
〈게이지〉　짧은뜨기 14코×16.5단(10×10cm)
〈사이즈〉　너비 8cm, 길이 16.5cm(끈 제외)
〈뜨는 법〉
실은 본체는 1가닥, 끈은 2가닥으로 지정한 배색대로 뜹니다.
매직링으로 원형코를 만들어 뜨기 시작합니다. 짧은뜨기로 코를 늘리면서 4단을 뜹니다. 같은 모양으로 2장 뜨고 어느 한쪽의 꼬리실을 자릅니다. 5단은 2장을 이어서 코를 줍습니다. 안에 실을 채우면서 뜹니다. 그림처럼 증감코를 하면서 23단을 뜹니다. 24단부터 12코씩 나눠 뜹니다. 27단에서 코를 절반으로 줄이고 실꼬리를 20cm 정도 남겨 자릅니다. 마지막 단의 코 머리에 실을 끼워 오므립니다. 끈을 뜨고 본체에 끼웁니다.

본체
실꼬리를 20cm 정도 남긴다

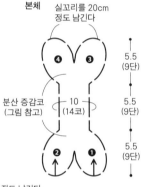

| 5.5
(9단) |
| 5.5
(9단) |
| 5.5
(9단) |

분산 증감코
(그림 참고)

10
(14코)

마무리하는 법
안에 털실을 채우고
실을 끼워 오므린다

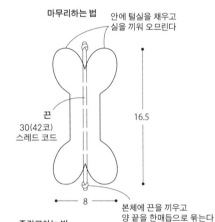

끈
30(42코)
스레드 코드

16.5

8

본체에 끈을 끼우고
양 끝을 한매듭으로 묶는다

배색	①	②	③
본체	터쿼이즈	오렌지	그린
끈	핑크	삭스	올리브

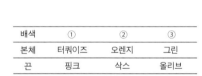

실꼬리를 20cm 정도 남긴다

❸과❹로
나눠 뜬다

❶과❷를 이어 뜬다

❶과❷를 이어 뜬다

∨ = 콧늘림
∧ = 콧줄임

◀ = 실 잇기
◁ = 실 자르기

증감코하는 법

단수	콧수	증감
27	6	-6코
26	12	±0
25	12	±0
24	12	

❸과❹로 나눠 뜬다

23	24	±0
22	24	±0
21	24	+4코
20	20	+4코
19	16	+2코
10~18	14	±0
9	14	-2코
8	16	-4코
7	20	-4코
6	24	±0
5	24	

❶과❷를 이어 뜬다

4	12	±0
3	12	±0
2	12	+6코
1	6	

❶·❷각 1장

손뜨개의 기초 대바늘뜨기

[손가락에 실을 걸어 기초코를 만드는 방법]

1

실꼬리를 편물 너비의 약 3배 길이만큼 남겨서 고리를 만들고, 대바늘을 가지런히 모아 고리 안에 넣습니다.

2
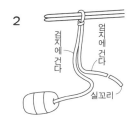
고리를 조입니다. 1코 완성.

3
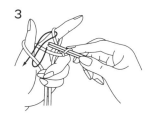
짧은 실을 왼손 엄지에, 실타래 쪽 실을 검지에 걸고, 오른손은 고리를 누른 채 대바늘을 쥡니다. 엄지에 걸린 실을 그림처럼 뜹니다.

4
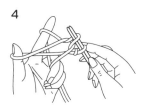
실을 뜬 모습.

5

엄지에 걸린 실을 빼고 그 아래쪽을 다시 손가락에 걸면서 매듭을 조입니다.

6

엄지와 검지에 처음처럼 실을 겁니다. 3~6을 반복합니다.

7
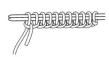
필요한 콧수만큼 만듭니다(1단).

8
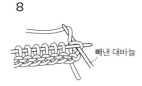
대바늘 2개 중 1개를 빼내 실이 있는 쪽에서 2단을 뜹니다.

[별도 사슬로 기초코를 만드는 방법]

1

뜨개실과 굵기가 비슷한 면실로 사슬뜨기합니다.

2
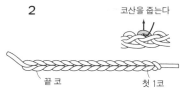
느슨하게 필요한 콧수보다 2~3코 많이 뜹니다.

3

사슬 끝 쪽 코산에 대바늘을 넣어 작품실을 빼냅니다.

4

필요한 콧수만큼 줍습니다(1단).

[별도 사슬로 만든 기초코에서 코를 줍는 방법]

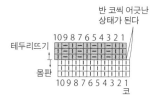

1

안면을 보고 코를 대바늘로 옮깁니다.

2

다 옮긴 다음 편물을 겉으로 뒤집습니다.

3
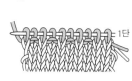
1단(코 줍기)을 뜹니다.

[감아코로 코 만들기]

오른쪽

편물을 뒤집어 겉뜨기합니다.

왼쪽

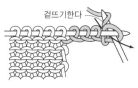
편물을 뒤집은 뒤 가장자리 코는 안뜨기로 뜰 수 없으므로 겉뜨기하고, 다음 코부터 안뜨기합니다.

| 겉뜨기

1 실을 뒤에 놓고 앞에서 오른바늘을 왼바늘의 코에 넣습니다.

2 실을 빼내면서 왼바늘에서 코를 뺍니다.

3

— 안뜨기

1 실을 앞에 놓고 뒤에서 오른바늘을 왼바늘의 코에 넣습니다.

2 실을 빼내면서 왼바늘에서 코를 뺍니다.

3

○ 걸기코

1 실을 앞에서 겁니다.

2 다음 코를 뜹니다.

3 다음 단을 뜨면 걸기코 위치에는 구멍이 나 있고 1코가 늘어납니다.

ℓ 돌려뜨기

※돌려 안뜨기는 1을 뒤에서 넣어 안뜨기합니다.

1 뒤에서 오른바늘을 넣어 겉뜨기합니다.

2 실을 빼내면서 왼바늘에서 코를 뺍니다.

V 걸러뜨기

1 실을 뒤에 놓고 1코를 뜨지 않은 채로 오른바늘로 옮깁니다.

2 다음 코를 뜹니다. 1코를 걸러뜨기했습니다.

⋋ 오른코 겹쳐 2코 모아뜨기

1 겉뜨기 / 뜨지 않은 채로 오른바늘로 옮긴다 / 코를 뜨지 않은 채로 앞에서 오른바늘로 옮깁니다.

2 다음 코를 겉뜨기하고, 옮긴 코를 뜬 코에 덮어씌웁니다.

⋌ 왼코 겹쳐 2코 모아뜨기

1 2코에 한꺼번에 앞에서 오른바늘을 넣습니다.

2 실을 걸어 겉뜨기합니다.

⋋ 오른코 겹쳐 2코 모아 안뜨기

1 2코를 뜨지 않은 채로 오른바늘로 옮깁니다.

2 화살표와 같이 2코에 한꺼번에 오른바늘을 넣어 안뜨기합니다.

⋌ 왼코 겹쳐 2코 모아 안뜨기

2코에 한꺼번에 오른바늘을 넣어 안뜨기합니다.

ω 감아코

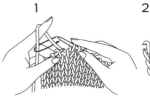

1

2

대바늘에 실을 감아 코를 늘립니다.

ℓ 돌려뜨기 늘림코

※돌려 안뜨기 늘림코는 2를 뒤에서 넣어 안뜨기합니다.

뜨개 시작 쪽

1 코와 코 사이의 가로실을 오른바늘로 화살표와 같이 끌어올려 왼바늘로 옮깁니다.

2 화살표와 같이 오른바늘을 넣습니다.

3 오른바늘에 실을 걸어 겉뜨기해 1코가 늘었습니다.

뜨개 끝 쪽

1 코와 코 사이의 가로실을 왼바늘로 화살표와 같이 끌어올립니다.

2 화살표와 같이 오른바늘을 넣은 다음 실을 걸어 겉뜨기합니다.

3 1코가 늘었습니다.

● 덮어씌워 코막음(겉뜨기)

1 가장자리 2코를 겉뜨기하고 1번째 코를 2번째 코에 덮어씌웁니다.

2 다음 코를 겉뜨기하고 덮어씌우기를 반복합니다.

3 마지막 코는 고리 안으로 실을 넣어서 조입니다.

● 덮어씌워 코막음(안뜨기)

1 가장자리 2코를 안뜨기하고 1번째 코를 2번째 코에 덮어씌웁니다.

2 다음 코를 안뜨기하고 덮어씌우기를 반복합니다.

3 마지막 코는 고리 안으로 실을 넣어서 조입니다.

[가로줄무늬의 실 걸치는 방법]

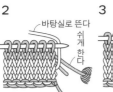

1

바탕실을 쉬게 하고 배색실을 걸어 뜹니다.

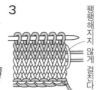

2

배색실을 쉬게 하고 바탕실을 앞에서 걸쳐 뜹니다.

3

걸치는 실이 팽팽해지지 않게 주의해 실을 당깁니다.

[실을 세로로 걸치는 배색뜨기]

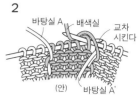

1

배색실과 바탕실을 교차시키고 틈새가 생기지 않도록 실을 당깁니다.

2

바탕실은 실을 바꾸는 곳에서 새 실타래로 뜹니다.

[실을 가로로 걸치는 배색뜨기]

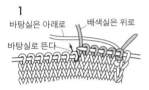

1

배색실로 뜨기 시작할 때는 매듭을 짓고 오른바늘에 통과시킨 뒤에 뜨면 코가 느슨해지지 않습니다. 매듭은 다음 단에서 풉니다.

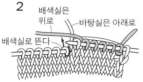

2

안에 걸치는 실은 편물이 평평해지게 적당히 당기면서 걸칩니다.

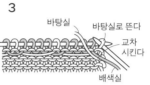

3

편물을 뒤집으면, 가장자리는 반드시 실을 교차시키고 나서 뜹니다.

4

배색실을 바탕실 위에 놓고 뜹니다. 실을 걸칠 때는 위아래 방향을 일정하게 합니다.

[남겨 되돌아뜨기]

왼쪽

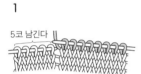

1

5코 남긴다

되돌아뜨기 위치 전까지 뜹니다.

2

느슨해지지 않게 걸기코 걸러뜨기

편물을 뒤집어 걸기코, 걸러뜨기를 합니다.

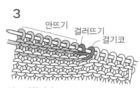

3

안뜨기 걸러뜨기 걸기코

안뜨기합니다.

오른쪽

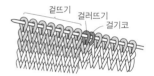

겉뜨기 걸러뜨기 걸기코

되돌아뜨기 위치 전까지 뜹니다. 편물을 뒤집어 걸기코, 걸러뜨기를 합니다. 겉뜨기합니다.

[단 정리]

남겨 되돌아뜨기를 마쳤으면 걸기코를 정리하면서 1단을 뜹니다. 이를 단 정리라고 합니다.
안뜨기로 단 정리를 할 때는 걸기코와 다음 코 위치를 바꿔서 뜹니다.

왼쪽

걸기코와 다음 코를 2코 모아뜨기로 뜬다

2코 모아뜨기 4코

2코 모아뜨기 4코

5코

단 정리를 한다

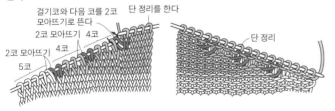

단 정리

오른쪽

걸기코와 다음 코 위치를 바꿔 2코 모아뜨기로 뜬다

위치를 바꿔 2코 모아뜨기 4코

위치를 바꿔 2코 모아뜨기 4코

5코

단 정리를 한다

[왼코에 꿴 매듭뜨기]

1

3번째 코에 오른바늘을 넣고 화살표와 같이 2코에 덮어씌웁니다.

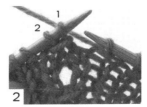

2

덮어씌운 다음 오른바늘을 뺍니다. 1의 코를 겉뜨기합니다.

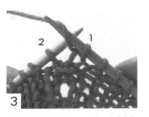

3

걸기코를 합니다. 2의 코를 겉뜨기합니다.

4

기호도대로 뜹니다. 왼코에 꿴 매듭뜨기를 떴습니다.

[원통뜨기의 1코 고무뜨기 코막음]

  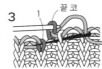  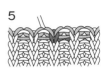

1	2	3	4	5
1의 코를 건너뛰어 2의 코 앞에서 바늘을 넣어 빼내고 1의 코로 되돌아가 앞에서 바늘을 넣어 3의 코로 빼냅니다.	2의 코로 되돌아가 뒤에서 바늘을 넣어 4의 코 뒤로 빼냅니다. 여기서부터 겉뜨기는 겉뜨기끼리, 안뜨기는 안뜨기끼리 바늘을 넣습니다.	뜨개 끝 쪽 겉뜨기에 앞에서 바늘을 넣어 1의 코로 바늘을 빼냅니다.	끝 코인 안뜨기에 뒤에서 바늘을 넣고 그림처럼 고무뜨기 코막음을 한 실을 통과한 다음 화살표와 같이 2의 안뜨기로 빼냅니다.	코막음을 마친 상태.

[1코 고무뜨기 코막음(오른쪽 끝이 겉뜨기 1코, 왼쪽 끝이 겉뜨기 2코)]

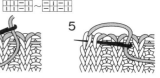

 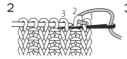 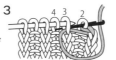 

1	2	3	4	5
1의 코는 뒤에서, 2의 코는 앞에서 바늘을 넣습니다.	1의 코로 되돌아갑니다. 여기서부터 겉뜨기는 겉뜨기끼리, 안뜨기는 안뜨기끼리 바늘을 넣습니다.	안뜨기끼리 그림처럼 바늘을 넣습니다.	2, 3을 반복하고 안뜨기와 왼쪽 끝의 겉뜨기에 그림처럼 바늘을 넣습니다.	왼쪽 끝의 겉뜨기 2코에 그림처럼 바늘을 넣어 빼냅니다.

[덮어씌워 잇기]

 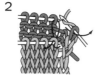  

[메리야스 잇기]

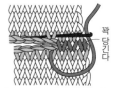

1	2	3	4
편물 2장을 겉끼리 맞대고 뒤쪽의 가장자리 코를 앞쪽의 가장자리 코 안으로 빼냅니다.	빼낸 코를 빼뜨기한 다음 2번째 코를 1과 같이 빼냅니다.	빼뜨기한 코와 그다음 빼낸 코 안으로 한꺼번에 실을 빼냅니다.	2, 3을 반복합니다.

메리야스뜨기 코를 만들면서 편물을 잇는 방법. 겉을 보면서 오른쪽에서 왼쪽으로 잇습니다. 아래쪽은 ㅅ자로, 위쪽은 V자로 코를 떠서 메리야스뜨기 코를 만들어갑니다.

[떠서 꿰매기]

도중에 늘림코나 줄임코가 있을 때

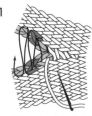 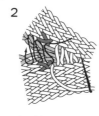

[메리야스 자수]

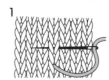 

1	2
1코 안쪽의 가로실을 번갈아 뜹니다. 코를 줄인 곳은 반 코씩 옮겨서 바늘을 비스듬히 넣습니다.	돌려뜨기한 늘림코는 꼬인 부분 아래쪽을 뜹니다.

1	2	3
수놓을 코 아래에서 실을 빼내 윗단 아래를 가로로 뜹니다.	1에서 실을 빼낸 위치에 바늘을 넣습니다.	1땀 수놓은 모습.

코바늘뜨기

⭕ 사슬뜨기

가장 기본적인 뜨개법으로 기초코와 기둥코에 사용합니다.

사슬코에서 코 줍는 방법

기둥코
사슬 3코
토대코

사슬 모양 부분이 아래로 향한 상태에서 안쪽 코산에 코바늘을 넣습니다.

코산을 줍는다

반 코와 코산을 줍는다

[매직링으로 원형코 만들기]

1	2	3
손가락에 실을 2번 감습니다.	실꼬리를 앞에 놓고 고리 안으로 실을 빼냅니다.	1코 뜹니다. 이 코는 기둥코 콧수에 넣습니다.

✕ 짧은뜨기

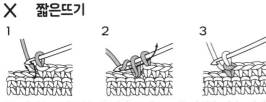

기둥코인 사슬 1코만큼의 높이를 가지는 뜨개코. 코바늘에 걸린 2개의 고리 안으로 한꺼번에 실을 빼냅니다.

⊤ 긴뜨기

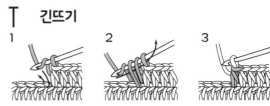

기둥코인 사슬 2코만큼의 높이를 가지는 뜨개코. 코바늘에 실을 1번 걸고, 코바늘에 걸린 3개의 고리 안으로 한꺼번에 실을 빼냅니다.

⊤ 한길 긴뜨기

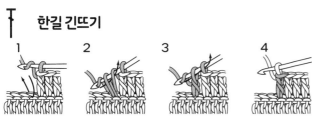

기둥코인 사슬 3코만큼의 높이를 가지는 뜨개코. 코바늘에 실을 1번 걸고, 코바늘에 걸린 2개의 고리 안으로 실을 빼내는 과정을 2번 반복합니다.

⊤ 두길 긴뜨기

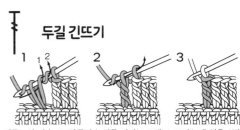

기둥코인 사슬 4코만큼의 높이를 가지는 뜨개코. 코바늘에 실을 2번 걸어 빼냅니다. 그다음 코바늘에 걸린 2개의 고리 안으로 실을 빼내는 과정을 3번 반복합니다.

⋎ 짧은 2코 늘려뜨기

※한길 긴 3코 늘려뜨기도 같은 요령으로 뜹니다.

1코에 짧은뜨기를 2코 뜹니다. 1코가 늘어납니다.

● 빼뜨기

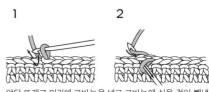

앞단 뜨개코 머리에 코바늘을 넣고 코바늘에 실을 걸어 빼냅니다.

⋏ 짧은 2코 모아뜨기

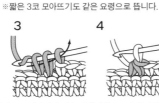

※짧은 3코 모아뜨기도 같은 요령으로 뜹니다.

미완성 짧은뜨기를 2코 뜨고 코바늘에 걸린 고리 안으로 한꺼번에 실을 빼냅니다. 1코가 줄어듭니다.

⌡ 한길 긴 앞걸어뜨기

※짧은 앞걸어뜨기도 같은 요령으로 뜹니다.

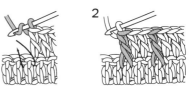

앞단 한길 긴뜨기 1코에 앞에서 코바늘을 넣습니다.

한길 긴뜨기의 요령으로 뜹니다.

ⓘ 피코뜨기(짧은뜨기에 빼뜨기할 경우)

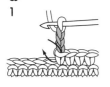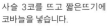

사슬 3코를 뜨고 짧은뜨기에 코바늘을 넣습니다.

코바늘에 실을 걸고, 코바늘에 걸린 3개의 고리 안으로 빼냅니다.

다음 코에 짧은뜨기를 뜹니다.

[휘감아 잇기]

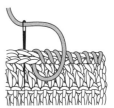

편물 2장을 겉끼리 맞대고, 각각 마지막 단의 코 머리의 실 2가닥씩에 바늘을 넣어 휘감습니다. '반 코 휘감기'는 안끼리 맞대고, 마주 본 코의 안쪽 반 코씩에 바늘을 넣어 휘감습니다.

[스레드 코드]

실꼬리를 뜨고 싶은 길이의 약 3배만큼 남겨서 사슬뜨기 기초코(p.94 참고)를 뜹니다. 실꼬리를 코바늘 앞에서 뒤로 겁니다.

코바늘 끝에 실을 걸고 실꼬리와 고리 안으로 빼냅니다(사슬뜨기).

1코 떴습니다. 다음 코도 실꼬리를 앞에서 뒤로 걸고 한꺼번에 빼내 사슬뜨기를 뜹니다.

반복해 뜨고 마지막은 고리 안으로 실을 빼냅니다.

STAFF

북디자인	쓰카다 가나(ME&MIRACO)
촬영	나구모 야스오
프로세스 촬영	야스다 죠스이
스타일링	구시오 히로에
헤어&메이크업	가미카와 다카에(mod's hair)
모델	메이
제작 협력	Kae, 다나베 다케코, 쓰치하시 미쓰히데, 야베 구미코, 야마다 가나코, 유키에
트레이스(기초)	day studio 다이라쿠 사토미
DTP	문화포토타이프(p.34~95)
교열	무카이 마사코
편집	고바야시 나오코, 미스미 사야코(문화출판국)
원서 발행인	세이키 타카요시

귀여운 강아지 뜨개 옷

1판 1쇄 인쇄 2024년 5월 17일
1판 1쇄 발행 2024년 5월 24일

지은이 효도 요시코
옮긴이 배혜영
펴낸이 김기옥

실용본부장 박재성
편집 실용2팀 이나리, 장윤선
마케터 이지수

지원 고광현, 김형식
디자인 책장점
인쇄·제본 민언프린텍

펴낸곳 한스미디어(한즈미디어(주))
주소 121-839 서울시 마포구 양화로 11길 13(서교동, 강원빌딩 5층)
전화 02-707-0337 | 팩스 02-707-0198 | 홈페이지 www.hansmedia.com
출판신고번호 제 313-2003-227호 | 신고일자 2003년 6월 25일

ISBN 979-11-93712-35-1 13590